高等院校产教融合创新应用系列

Linux 操作系统

河南打造前程科技有限公司　主编

清华大学出版社

北　京

内 容 简 介

本书以目前企业中广泛应用的 CentOS 7 操作系统为平台，从软件开发和服务器运维角度全面地介绍了 Linux 操作系统的使用、管理和维护技术。全书共 10 章，其中第 1~6 章侧重于 Linux 操作系统的基础使用和管理维护，主要内容包括 Linux 的简介和安装、基础命令、vi 编辑器的使用、软件管理和磁盘管理的技巧；第 7~9 章侧重于 Linux 操作系统安全权限维护管理的应用，主要内容包括系统管理、用户管理和权限管理等；第 10 章介绍了使用 Linux 部署博客项目的实训。

本书可作为高等院校大数据、云计算、软件技术及相关专业的教材和教学参考书，也可作为 Linux 爱好者、Linux 管理维护人员、网络管理人员、计算机培训机构学员的自学指导书。

图书在版编目(CIP)数据

Linux 操作系统 / 河南打造前程科技有限公司主编. —北京：清华大学出版社，2024.2
高等院校产教融合创新应用系列
ISBN 978-7-302-65435-3

Ⅰ. ①L… Ⅱ. ①河… Ⅲ. ①Linux 操作系统—高等学校—教材 Ⅳ. ①TP316.89

中国国家版本馆 CIP 数据核字(2024)第 021470 号

责任编辑：王　定
封面设计：周晓亮
版式设计：孔祥峰
责任校对：成凤进
责任印制：宋　林

出版发行：清华大学出版社
　　　　网　　　址：https://www.tup.com.cn，https://www.wqxuetang.com
　　　　地　　　址：北京清华大学学研大厦 A 座　　　　邮　　编：100084
　　　　社 总 机：010-83470000　　　　　　　　　　邮　　购：010-62786544
　　　　投稿与读者服务：010-62776969，c-service@tup.tsinghua.edu.cn
　　　　质 量 反 馈：010-62772015，zhiliang@tup.tsinghua.edu.cn
印 装 者：涿州汇美亿浓印刷有限公司
经　　销：全国新华书店
开　　本：185mm×260mm　　　　印　　张：12.5　　　　字　　数：333 千字
版　　次：2024 年 3 月第 1 版　　　印　　次：2024 年 3 月第 1 次印刷
定　　价：59.80 元

产品编号：103213-01

前　言

党的二十大报告提出："加快发展数字经济，促进数字经济和实体经济深度融合，打造具有国际竞争力的数字产业集群。"数字经济的崛起与繁荣赋予了经济社会发展的"新领域、新赛道"和"新动能、新优势"，正在成为引领中国经济增长和社会发展的重要力量。

Linux 作为信息技术(IT)基础设施中的核心部分，在服务器操作系统领域占据着重要地位。虽然 Linux 在桌面操作系统只有 2%的市场占有率，但是对于超级计算机来说，Linux 用 99%的市场占有率轻松地获取了统治地位。Top500 是一个独立的项目，于 1993 年启动，旨在对超级计算机进行基准测试。它每年发布两次有关他们已知的前 500 台最快的超级计算机的详细信息。您可以访问如下网站并根据各种标准(如国家/地区、操作系统类型、供应商等)过滤列表。在物联网领域中，Linux 是重要的操作系统之一，如 Android 操作系统就是基于 Linux 内核开发的。

在国家战略和信息安全的大背景下，国家大力推行国产软件替代策略。我国自主研发的操作系统大多基于 Linux 内核，如鸿蒙、中标麒麟、银河麒麟、中科方德等。国产操作系统和软件逐步在大型国企、事业单位试点推广使用，后续会全面应用于更多的关键业务。

对 Linux 操作系统的掌握和使用已成为网络管理人员、网站维护人员和服务器管理人员的一项必备技能。对于软件开发人员和测试人员来说，熟悉 Linux 是一个优势，可以更好地优化和调试软件、提高软件的性能、增强软件的安全性。

本书以目前企业中广泛应用的 CentOS 7 操作系统为平台，从软件开发和服务器运维角度全面地介绍了 Linux 操作系统的使用、管理和维护技术。全书共 10 章，其中第 1~6 章侧重于 Linux 操作系统的基础使用和管理维护，主要内容包括 Linux 的简介和安装、基础命令、vi 编辑器的使用、软件管理和磁盘管理的技巧；第 7~9 章侧重于 Linux 操作系统安全权限维护管理的应用，主要内容包括系统管理、用户管理和权限管理等；第 10 章介绍了使用 Linux 部署博客项目的实训。

本书可作为高等院校大数据、云计算、软件技术及相关专业的教材和教学参考书，也可作为 Linux 爱好者、Linux 管理维护人员、网络管理人员、计算机培训机构学员的自学指导书。

本书在编写过程中，参考、借鉴了有关专著、教材及一些佚名作者的材料，在此对他们表示深深的谢意。由于编者水平有限，编写时间仓促，书中难免存在疏漏之处，敬请有关专家、学者和广大师生批评指正，以便不断修订完善。

　　本书免费提供教学大纲、教学课件、电子教案、习题参考答案等教学资源，读者可扫描下列二维码获取。

教学大纲　　　　　教学课件　　　　　电子教案　　　　练习参考答案

编　者

2023 年 12 月

目　录

Linux 简介 第**1**章

在当今计算机领域，Linux 操作系统是其不可或缺的一部分，它广泛应用于服务器、超级计算机、移动设备和嵌入式系统等领域，并在云计算、大数据和人工智能领域占据着极大的市场份额。通过学习 Linux 操作系统，开发人员、系统管理员和科学家可以更加高效地完成各种编程任务。本章主要介绍 Linux 操作系统及其历史演变。

学习目标

1. 了解 Linux 操作系统的发展历程、应用场景和特点。
2. 了解 Linux 诸多发行版之间的区别。
3. 了解 Linux 的应用场景。

1.1 服务器与操作系统

互联网作为一项革命性的技术，深刻改变了人们的生活方式和社会运行方式。它以高速的传输能力、广泛的覆盖范围和丰富的信息资源成为人们获取信息、交流沟通、进行商业活动的重要平台。通过互联网，人们可以随时随地获取各种信息，包括新闻、知识、文化、娱乐等。无论是学习知识、寻找工作、进行科研，还是参与社交娱乐，互联网都是人们不可或缺的工具。

互联网的发展离不开服务器。服务器是托管网站的关键设备，它存储网站的文件、数据库和其他资源，并向用户提供网页内容。当用户访问网站时，服务器响应请求并将网页发送到用户的浏览器。当用户通过互联网发送请求时，服务器接收并处理这些请求，根据不同的请求提供不同的功能和服务，如用户注册、登录验证、数据查询等。同时，服务器还承担着大量数据的存储和管理任务。服务器不仅可以存储用户上传的数据、应用程序生成的数据和其他与业务相关的数据，还负责确保数据的安全性和完整性。

那么，服务器是什么呢？服务器其实就是由中央处理器(CPU)、内存和硬盘等组装而成的一台特殊的计算机。普通的塔式服务器(图 1-1)在外观上甚至和普通计算机的主机没有区别。

图 1-1 某品牌塔式服务器

服务器和普通计算机的区别有以下几点。

(1) 用途和设计目标。服务器的设计目标是提供高性能、高可靠性和大规模数据处理功能，以满足多用户、高负载和持续运行的需求。普通计算机则主要满足个人用户的通用计算需求。

(2) 硬件配置和性能。服务器通常配置更强大的硬件资源，如更快的处理器、更大的内存容量和更高速的存储设备，以满足高负载、大规模数据处理和高并发访问的需求。普通计算机的硬件配置相对较低，以满足个人日常计算和娱乐需求为主。

(3) 可靠性和冗余性。服务器通常采用冗余组件和硬件故障转移机制，以提高持续可用性和可靠性。例如，服务器可能具有冗余电源、热插拔硬盘和冗余网络接口等，以防止单点故障影响服务的连续性。普通计算机通常没有这种冗余性设计。

(4) 远程管理和控制。服务器通常具备远程管理和控制的能力，可以通过远程登录和管理工具进行配置、监控和故障排除等操作。这使得服务器可以在不直接物理接触的情况下进行管理。普通计算机则通常只能通过物理接触进行管理。

(5) 支持的连接数量和用户数。服务器支持多个并发连接和用户访问。它具有更强大的网络性能和处理能力，以处理来自多个用户或客户端的请求。相比之下，普通计算机通常只能支持有限数量的连接和用户。

(6) 专业操作系统和服务。服务器通常运行专门的服务器操作系统，如 Linux、Windows Server 等，以提供更好的稳定性、安全性和性能。同时，服务器还提供各种专业的服务，如 Web 服务、数据库服务和文件传输服务等，以满足企业和组织的特定需求。而普通计算机，则运行着 Windows 10、Windows 11 或者 macOS 操作系统。这些操作系统具有优秀的图形化界面，丰富的快捷键、多种多样的办公和娱乐软件，为个人用户提供良好的办公和娱乐体验。

在普通计算机领域，Windows 操作系统占据了主流的地位；而在服务器领域，Linux 操作系统才是毫无疑问的市场龙头。

Linux 操作系统在云计算、大数据和人工智能领域也发挥着重要作用。它为这些领域提供了许多强大的工具，成为这些领域的首选操作系统。它凭借着高性能、可靠性和开源性等特性，不仅能够满足复杂的计算和数据处理需求，还能够促进云计算、大数据和人工智能技术的发展与创新。

因此，无论是学习传统的 Web 开发技术还是新兴的大数据、人工智能技术，掌握 Linux 操作系统都是必不可少的。

1.2　Linux 的历史和演变

1991 年，芬兰大学生林纳斯·托瓦兹(Linus Torvalds)开始开发一个操作系统内核，他把这个操作系统命名为 Linux，这个名字是由 Linus 和 Unix 两个词组合而成的。Linux 操作系统内核的开发得到了全球程序员的支持和贡献，成了自由、开放的类 UNIX 操作系统的代表。

1.2.1　UNIX 操作系统

计算机操作系统的历史可以追溯到 20 世纪 60 年代早期。当时计算机是非常大型、昂贵和复杂的机器，需要一个系统来协调和管理它的硬件和软件资源。早期的计算机操作系统包括 IBM(国际商业机器公司)的 OS/360、DEC(美国数字设备公司)的 TOPS-10 和 UNIX 等。这些操作系统有一个共同的目标，即提供一个统一的接口来管理计算机硬件和软件资源，并使应用程序更轻松地运行和交互。

UNIX 操作系统最初由肯·汤普森(Ken Thompson)和丹尼斯·里奇(Dennis Ritchie)在美国电报电话公司(AT&T)贝尔实验室开发，于 1969 年首次发布。UNIX 最初的设计目标是多用户、多任务操作系统，它提供了一种能够同时为多个用户提供服务的解决方案。随着时间的推移，UNIX 不断演化和扩展，成为一个功能强大的操作系统。

20 世纪 70 年代，UNIX 开始流行起来，并被许多大学和企业采用。UNIX 的源代码也被贝尔实验室以及其他机构公开发布，使得许多人可以使用和修改 UNIX 的代码。

20 世纪 80 年代中期，由于 AT&T 的反垄断调查，AT&T 被迫拆分成多个公司。这也导致了 UNIX 的分裂，出现了各种各样的 UNIX 版本，如 SunOS、AIX、HP-UX 等。

20 世纪 80 年代后期至 90 年代初期，UNIX 的商业化趋势越来越明显。AT&T 和其他公司开始将 UNIX 的源代码收回，并将其作为专有软件进行销售。这导致 UNIX 变得非常昂贵，而且不再是一个自由软件。这也促进了自由软件运动的兴起，包括 GNU 项目的开展。

从 20 世纪 90 年代至今, UNIX 不断演化和扩展, 逐渐适应了新的技术和应用场景。此时, UNIX 已经成为一个非常灵活和可定制的操作系统, 仍然在学术界和商业界有着广泛的应用, 并且衍生出了许多新的类 UNIX 操作系统, 如 Linux、BSD 等。

早期的 UNIX 操作系统在操作系统设计和实现方面做出了许多开创性的贡献, 如提出了多进程和多用户的概念、引入了文件系统、提供了强大的命令行接口等。这些创新使得 UNIX 成为一个优秀的操作系统, 并且影响了后来许多操作系统的设计和发展。

UNIX 为现代操作系统的发展提供了很多经验和教训。例如, UNIX 的源代码一开始是开放的, 这种开放的方式吸引了大量开发者和用户参与其中, 使得 UNIX 得到了快速演化和改进。这种开放的精神也促进了 Linux 操作系统等开源软件的发展。此外, UNIX 操作系统还提出了分层结构、模块化设计、虚拟化等概念, 这些概念后来成为现代操作系统设计的基础。因此, 可以说 UNIX 是现代操作系统的祖先和灵感来源。

1.2.2　Linux 的诞生

在 1980 年 Unix Version 7 发布之后, UNIX 的授权条款发生了变化, 限制了 UNIX 源码的使用和分发, 不再允许大学使用源码进行教学。此时, 荷兰阿姆斯特丹自由大学计算机科学系的特南鲍姆(Tanenbaum)教授为了满足自己的教学需求, 研发了一个类似于 UNIX 的小型操作系统, 命名为 MINIX。MINIX 是专门为学术研究而设计的操作系统, 旨在为学生提供一个轻量级的平台, 以便学生更好地了解操作系统的基本原理和实现方式。为实现这一目标, MINIX 采用了微内核的设计方式, 从而使其内核代码更加精简, 易于理解和维护。

Linux 的 "祖师爷" 林纳斯·托瓦兹(图 1-2)在赫尔辛基大学就读期间对操作系统产生了浓厚的兴趣。当时学校使用的操作系统是 MINIX, 但是他对 MINIX 的性能和功能都不太满意, 于是决定自己开发一个操作系统内核。

图 1-2　林纳斯·托瓦兹

托瓦兹于 1991 年开发了操作系统内核的第一个版本, 起名为 Linux, 并用一只企鹅作为 Logo (图 1-3)。但是在当时, 开发一个操作系统是一项庞大而复杂的任务, 需要投入大量时间和精力。于是, 托瓦兹在计算机爱好者的网络论坛上发布了他的内核代码, 并邀请其他人一起参与开发, 这使得 Linux 的开发迅速受到了广泛关注和参与。在开源社区的支持下, Linux 内核的功能逐渐变得更加强大和丰富, 并且得到了广泛的应用。同时, GNU 项目的开发者也对 Linux 产生了兴趣, 将其与 GNU 的工具链结合起来，形成了目前广泛使用的 GNU/Linux 操作系统。

图 1-3　Linux 的 Logo

　　GNU 是由理查德·斯托曼(Richard Stallman，如图1-4所示)于 1983 年发起的一个自由软件项目。20 世纪 80 年代初期，计算机科学领域兴起了专有软件的潮流，这使得斯托曼开始关注自由软件的问题。斯托曼认为，人们应该有权力使用、修改和分发软件，而不是受软件厂商的限制。GNU 的目标是提供一个与 UNIX 类似的操作系统，但是完全由自由软件组成，并且允许用户自由地使用、修改和分发软件。GNU 项目致力于提供自由软件社区所需要的所有组件，包括编译器、文本编辑器、图形界面、应用程序等。但由于内核开发的速度较慢，GNU 项目于 1991 年采用了 Linux 内核作为操作系统的内核。这促进了 Linux 操作系统的出现。

图 1-4　理查德·斯托曼

　　通常我们所说的 Linux 是指 Linux 操作系统，这是一个基于 Linux 内核的完整操作系统。Linux 内核是 Linux 操作系统的核心组件，也是该操作系统的底层软件，它负责管理系统硬件资源，并提供一系列基本的系统服务，如进程管理、内存管理、文件系统、网络协议等。Linux 操作系统由 Linux 内核和其他一些用户软件组成，如 GNU 工具链、X Window 系统、桌面环境、应用程序等。这些软件与 Linux 内核相互配合，构成了完整的 Linux 操作系统。

　　今天，Linux 已经成为世界上流行的开源操作系统之一，被广泛应用于服务器、嵌入式设备、移动设备等领域。它不仅为商业公司提供了强大的基础设施，而且为个人用户提供了强大而稳定的操作系统选择。由于 Linux 开放的开发模式和高度的定制性，其得以满足不同领域、不同需求的用户，并在 IT 行业拥有了重要的地位。

　　前文，我们提到了三种软件分发模式，分别是专有软件、自由软件和开源软件。它们的区别主要在于软件的授权、使用和修改限制方面。

专有软件是指软件开发者或厂商拥有完全的授权和版权，用户需要按照规定的价格购买使用权或者许可证，不允许用户对软件进行修改和再分发。这种模式下的软件通常是商业化的，开发者或厂商通过出售软件或提供技术支持获得收益。代表性软件有 Microsoft Windows 操作系统、Adobe Photoshop 图片处理软件和 Autodesk AutoCAD 设计软件。

自由软件是指用户可以自由使用、复制、修改和再分发的软件，但必须保证软件的后续分发同样具有相同的自由性。自由软件不意味着免费，开发者可以收取软件的使用费用，但是不能对软件的自由性进行限制。这种模式下的软件通常是非商业化的，开发者或用户通过分享和合作获得收益。代表性软件有 GNU/Linux 操作系统、Apache Web 服务器软件、GIMP 图片处理软件。

开源软件则强调源代码的公开，用户可以查看、学习、修改和再分发软件的源代码。开源软件不像自由软件那样要求后续分发的软件同样具有相同的开源性，但通常有一定的开源协议限制，如必须在分发时提供源代码和修改日志等。这种模式下的软件既可以是商业化的，也可以是非商业化的，开发者或用户通过共同开发和使用获得收益。代表性软件有 Mozilla Firefox 浏览器、Apache OpenOffice 办公软件套件、MySQL 数据库管理系统。

1.2.3 Linux 的发行版本

正如之前提到的，Linux 内核只是操作系统的一部分，一个完整的操作系统需要包含内核以及其他必要组件，如安装界面、系统设置、管理工具、图形用户界面等。为了让用户更方便地使用 Linux 操作系统，许多个人、组织或企业基于 GNU/Linux 内核开发了各种不同发行版的 Linux。每个发行版都有自己的特点和目标用户，用户可以根据自己的需求选择最适合自己的发行版。这些发行版可以包含不同的桌面环境、软件管理器、配置工具等，以满足不同用户的需求。同时，由于 Linux 系统的开源特性，用户也可以自行定制和编译自己的 Linux 系统。

Linux 发行版家族是由一系列基于相同的技术和软件源代码的发行版而组成的，其家族成员之间通过多种方式相互协作和共享代码、文档和软件包等资源，共同推动 Linux 系统的发展。发行版家族的存在有助于促进 Linux 软件的开发和分发，为不同的用户提供个性化的 Linux 体验，并且让用户更容易在不同的发行版之间切换。目前，常见的 Linux 发行版家族包括 Debian 家族、Red Hat 家族、SlackWare 家族、Arch 家族等，如图 1-5 所示。

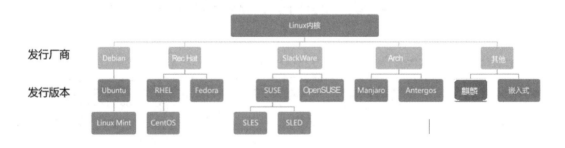

图 1-5　Linux 发行版家族

1. Debian 家族

Debian Linux 的主要特点是强调自由软件，所有的软件都要遵守自由软件准则，这意味着 Debian Linux 不会默认安装任何专有软件，而且它的开发过程和维护过程都是公开透明的，任何人都可以参与其中。Debian Linux 的目标用户是广泛的个人用户和企业，尤其是需要一个稳定可靠、易于维护和更新的操作系统的用户。Debian 发行版家族的代表包括 Debian、Ubuntu、Linux Mint 等发行版，他们共享 Debian 的代码库和设计原则。

(1) Debian 是 Debian 家族的核心，Ubuntu 和 Linux Mint 等发行版则是基于 Debian 构建而成的。

(2) Ubuntu 是一款自由开源操作系统，旨在为用户提供简单易用的桌面环境和强大的服务器功能，被广泛应用于企业和教育机构。它拥有强大的软件包管理系统，用户可以方便地安装、更新和卸载软件包。它还支持多种桌面环境，如 GNOME、KDE、Xfce、LXDE 等，用户可以自由选择。

(3) Linux Mint 是一款基于 Ubuntu 和 Debian 的 Linux 发行版，旨在提供易于使用和美观的桌面环境。它采用了类似于 Windows 的传统桌面布局，提供了一个直观的界面和大量的自定义选项。Linux Mint 的用户群体相对广泛，适合初学者、中级用户以及那些希望在桌面上获得稳定、易用和可靠操作系统的用户。

2. Red Hat 家族

Red Hat Linux 是较早的商业 Linux 发行版之一，它是由 Red Hat 公司开发并推广的，主要面向企业用户。在 Red Hat Linux 的基础上，Red Hat 公司还推出了 Red Hat Enterprise Linux (RHEL)，这是一款专门为企业级用户打造的 Linux 发行版，提供商业支持和长期支持计划。除了 RHEL，Red Hat 家族还包括 Fedora 和 CentOS 等发行版，这些发行版都是基于 Red Hat 的代码库和设计原则设计的，但目标用户和使用场景不同。Fedora 是一个社区驱动的 Linux 发行版，它专注于为开发者和技术爱好者提供最新的软件和技术。CentOS 是一个由社区维护的 Linux 发行版，它以 RHEL 的源代码为基础，去除了商业特性，提供免费的长期支持计划。Red Hat 家族的发行版在企业级领域广泛应用，在云计算、虚拟化、容器化等领域具有很大的市场份额和影响力。

3. Slackware 家族

Slackware Linux 作为世界上仍在使用的、历史悠久的 Linux 发行版，曾经拥有庞大的用户群，成为所有发行版中的佼佼者。SUSE Linux 的起源可追溯至 1992 年，最初是基于 Slackware 的 Linux 发行版。自那时起，它便以稳定性、可靠性和安全性而闻名，并广泛应用于企业级应用和服务器环境中。SUSE 的发行版有两个：SUSE Linux Enterprise Server(SLES)和 SUSE Linux Enterprise Desktop(SLED)。SLES 是 SUSE 的企业级服务器版本，提供高级的管理工具和技术支持；SLED 是 SUSE 的桌面版，专注于桌面用户的体验和易用性。SUSE 还提供了 OpenSUSE，这是一个社区驱动的发行版，旨在提供自由和开放的软件。

4. Arch 家族

Arch Linux 是一个面向有经验的 Linux 用户的发行版，它的设计理念是简单、轻量级和高度可定制化。因此，Arch Linux 更适合那些喜欢深入探索操作系统并定制自己环境的用户。这些用户可能包括系统管理员、开发人员、Linux 爱好者等技术人员。由于 Arch Linux 的配置较为复杂，对新手用户来说学习曲线较陡峭，因此不太适合初学者使用。

Manjaro 是 Arch 家族中知名的发行版之一，它将 Arch Linux 的可定制性与易用性相结合，提供了一个友好、易于上手的桌面环境。Antergos 则是另一个基于 Arch Linux 的发行版，它的目标是提供一个易于安装、预配置好的桌面环境。

5. 中国的 Linux 发行版

中国从 1989 年开始就基于 Unix 研发国产操作系统。随着开源运动的兴起，Linux 进入中国，操作系统开发者开始基于 Linux 研发国产操作系统。目前，麒麟软件、统信软件是国内操作系统领域的两大巨头。麒麟软件的银河麒麟操作系统连续 11 年在我国 Linux 市场占有率保持第一，全面应用于党政、金融、交通、通信、能源、教育等重点行业，并为嫦娥探月、天问探火、神舟十三号翱翔天际保驾护航。除此之外，中科方德、普华、openEuler 也在逐渐发力。

6. 嵌入式 Linux 发行版

Linux 内核相对较小，可以裁剪不需要的功能，也可以通过模块化的方式灵活添加所需的功能。这使得 Linux 在嵌入式设备上可以高效运行，占用少量内存和存储空间。同时，Linux 可以运行在多种不同的嵌入式芯片和处理器上，可以轻松适配不同的硬件平台。因此，Linux 已经成为嵌入式领域的主流操作系统。常见的嵌入式 Linux 发行版有 Buildroot、Android Things、Raspbian 等。

1.2.4 Linux 的应用领域

服务器是 Linux 的主要应用领域，其优秀的稳定性、可靠性和安全性受到了广泛认可。根据市场调研公司 IDC(国际数据公司)的数据，2020 年第三季度全球服务器操作系统市场份额中，Linux 占据了 31.7%，位居第一。此外，Linux 在云计算领域也占据了重要的位置，根据 2020 年第二季度的数据，超过 90% 的公共云服务提供商将 Linux 作为其服务器操作系统之一。根据最新的数据，2022 年全球服务器操作系统市场份额中，Linux 以约 60% 的市场份额位居第一，Windows 和 Unix 分别以约 20% 和 10% 的市场份额位居第二和第三。

为什么这么多企业选择 Linux 作为服务器的操作系统，而不是 Windows 呢？这个问题可能会使人们产生疑问。因为与 Linux 相比，Windows 更广为人知。然而，操作系统的选择并不仅仅看名气。下文将介绍 Linux 操作系统的优点。

(1) 稳定性和可靠性。Linux 操作系统是开源软件，可以根据用户需求进行定制和优化，因此具有高度的稳定性和可靠性。在企业中，这一点非常重要，因为系统的稳定性和可靠性直接关系到企业的运行效率和生产力。

(2) 安全性。Linux 操作系统具有良好的安全性能，可以通过对用户进行身份验证、访问控制和权限管理等进行高度保护。对于企业来说，数据的安全性至关重要，Linux 可以提供一定程度的保障。

(3) 低成本。相比其他商业操作系统，Linux 是开源免费的，用户可以免费获取、使用和定制 Linux 操作系统。这可以大大降低企业的成本，提高企业的利润率。

(4) 开放性。Linux 的开放性使得企业可以更加灵活地进行定制和开发，满足自身的需求。企业可以自主开发、定制和使用 Linux 操作系统，也可以进入 Linux 社区参与开发，做出贡献。

然而，Linux 操作系统也有一些缺点。

(1) 学习曲线较陡峭。相比于 Windows，Linux 的学习曲线比较陡峭，需要一定的学习成本。对于没有使用过 Linux 的个人用户来说，可能需要一些时间来适应和掌握 Linux 的操作和命令行界面。

(2) 应用支持有限。Linux 的应用程序相对于 Windows 或 Mac 来说还是比较有限的。虽然 Linux 上有很多开源的应用程序可供使用，但是对某些特定领域的专业软件尤其是一些商业软件，Linux 可能会受到限制。

(3) 驱动支持不足。许多厂商没有为 Linux 开发特定的驱动程序或应用程序，这可能会导致某些硬件设备无法在 Linux 上正常工作。虽然许多硬件设备现在已经有了对 Linux 的支持，但不是所有的硬件设备都能在 Linux 上正常运行。

(4) 兼容性问题。Linux 和 Windows 或 Mac 系统不同，可能会出现兼容性问题，如某些文件格式无法在 Linux 中打开。

(5) 缺乏统一标准。由于 Linux 的开放性，各个 Linux 发行版之间可能存在差异，这可能也会带来一些兼容性问题。

对于需要进行日常办公、上网、娱乐、社交等的用户，Windows 可能更适合，因为它拥有更广泛的软件支持和更为普及的用户界面。此外，Windows 也提供了更好的游戏和多媒体支持。

而对于在编程、服务器管理、网络安全等专业领域工作的用户，Linux 可能更适合，因为它拥有更强大的命令行工具、更高的稳定性和安全性、更好的自定义和配置能力等。

总之，应该根据个人需要和偏好来选择操作系统。在实践中，很多用户会选择在自己的计算机上安装多个操作系统，以便根据需要进行切换。

本章总结

(1) Linux 是服务器上的主流操作系统，为 Web 网站、云技术、大数据和人工智能技术的发展提供了有力的支持。

(2) Linux 是由托瓦兹基于 UNIX 的设计理念和 MINIX 操作系统开发的，通过开源的方式引入开发者不断完善和增加其功能。

(3) 不同的企业把 Linux 内核和常用软件打包在一起形成 Linux 操作系统，这些统称为 Linux 的发行版。其中，最有名的发行版是 Ubuntu 和 CentOS。

巩固练习

一、选择题

1. Linux 是一个(　　)的操作系统的内核。
   A. 闭源　　　　　　　　　　　　　B. 自由、开放源代码
   C. 商业化　　　　　　　　　　　　D 专有

2. Linux 最初由(　　)在 1991 年创造。
   A. 肯·汤普森　　　　　　　　　　B. 丹尼斯
   C. 林纳斯·托瓦兹　　　　　　　　D. 里查德·斯托曼

3. Linux 最初是使用(　　)发布的。
   A. MIT 许可证　　　　　　　　　　B. BSD 许可证
   C. GNU 通用公共许可证　　　　　　D. Apache 许可证

4. Linux 以其(　　)而闻名。
   A. 闭源性　　　　　　　　　　　　B. 商业化
   C. 可定制性、安全性和稳定性　　　D. 专有性

5. Linux 可以在( )平台上运行。

    A. 个人计算机   B. 服务器

    C. 嵌入式系统   D.上述所有答案

二、填空题

1. Linux 发展迅速，如今已成为世界上流行的_____操作系统之一。

2. Linux 是基于_____操作系统的设计和思想设计开发的。

3. Debian 发行家族中最出名的发行版是_____和_____。

4. Red Hat 发行家族中免费的发行版是_____和_____。

5. 连续 11 年在中国 Linux 市场占有率保持第一的是_____。

三、简答题

1. 简述 Linux 和 Windows 的区别。

2. 简述 Linux 的主要应用领域。

3. 简述 Linux 常见的发行版。

安装 Linux   第 2 章

工欲善其事，必先利其器，要想学习好 Linux，就必须先拥有一个 Linux 操作系统。一种低成本的解决方案就是使用虚拟机软件，即在 Windows 计算机上虚拟出一个服务器，然后在虚拟服务器上安装 Linux 操作系统。本章将介绍一款主流的虚拟机软件，并使用它安装 CentOS 操作系统供学习使用。

学习目标

1. 熟练掌握使用虚拟机软件创建虚拟服务器的方法。
2. 熟练掌握 CentOS 操作系统的安装。
3. 熟练掌握 Xshell 软件的使用。

2.1 虚拟机软件

虚拟机软件可以在物理计算机上模拟出一个或多个虚拟计算机,从而让用户可以在虚拟机中运行一个完整的操作系统,而无须在物理计算机上安装并配置另一个操作系统。作为初学者,使用虚拟机安装 Linux 有以下好处。

(1) 节省成本。使用虚拟机不需要购买一台真正的 Linux 计算机,只需要在现有的计算机上安装虚拟机软件即可。

(2) 避免对系统造成影响。在虚拟机上安装 Linux 不会对主机操作系统造成任何影响,而且能够随时删除虚拟机并清除所有与之相关的文件和数据。

(3) 随时备份和还原。在虚拟机上安装 Linux,可以随时备份虚拟机文件,并在需要时还原。这能够大大降低操作失误导致系统崩溃所带来的风险。

(4) 更好的实验环境。虚拟机可以模拟出硬件资源,让用户在安全的环境下进行 Linux 操作系统的学习和实验。

(5) 提高效率。使用虚拟机可以快速创建多个相同或不同的虚拟机,以便进行不同的测试和开发工作。这可以提高工作效率和减少硬件成本。

总的来说,使用虚拟机安装 Linux 可以提供更高的安全性、更灵活的配置和更方便的学习与测试环境。

目前,主流的虚拟机软件有 VMware Workstation 和 Virtual Box 两款。VMware Workstation 是由 VMware 公司开发和维护的商业虚拟化软件。VMware 是一家全球领先的虚拟化和云基础架构解决方案提供商。而 VirtualBox 则是一款开源的虚拟机软件,由德国 InnoTek 软件公司(后被 Oracle 公司收购)开发。它们的区别有以下几点。

(1) 许可和成本。VMware 提供了不同版本的许可,包括免费版和商业版。商业版提供更多高级功能和技术支持,但需要购买许可。VirtualBox 是完全免费的,并且具有广泛的功能。

(2) 功能和性能。VMware 在功能和性能方面通常更为强大和稳定,特别是在大型企业和生产环境中。它提供了更多高级的功能,如迁移、负载均衡、高可用性和自动化等。VirtualBox 则更适合个人用户、教育和开发环境,它提供了基本的虚拟化功能。

(3) 支持的操作系统。VMware 支持广泛的宿主操作系统和客户操作系统,包括 Windows、Linux、macOS X 和其他一些操作系统。VirtualBox 也支持多个宿主操作系统和客户操作系统,但在某些情况下可能存在一些兼容性问题。

(4) 社区支持和生态系统。由于 VMware 是一家商业公司,它提供了全面的技术支持和培训服务,并与许多硬件和软件供应商建立了合作伙伴关系。VirtualBox 是一个开源项目,拥有活跃的社区支持者和贡献者,用户可以通过社区论坛和资源获得帮助。

(5) 适用场景。VMware 更适合大型企业和生产环境,需要具有高级功能和可靠性的场景。VirtualBox 适用于个人用户、教育和开发环境,提供简单易用的虚拟化解决方案。

总的来说,VMware 和 VirtualBox 都是强大的虚拟机软件。但是,在中文互联网上,与 VMware 相关的内容要比 VirtualBox 的多得多。因此,本书选择 VMWare 作为虚拟机软件,以便大家在学习过程中遇到问题时可以轻松地从网上找到解决方案。

2.2　安装 VMware Workstation

VMware Workstation 的安装步骤很简单，大致分为两步。

1. 下载 VMware Workstation 安装程序

在 VMware 官网下载 VMware Workstation 安装程序，根据自己的操作系统选择 32 位或 64 位版本。

2. 运行 VMware Workstation 安装程序

双击下载的安装程序，按照提示依次进行安装操作即可。

(1) 双击运行 VMware Workstation 16 运行程序，会弹出安装向导界面，单击"下一步"按钮，如图 2-1 所示。

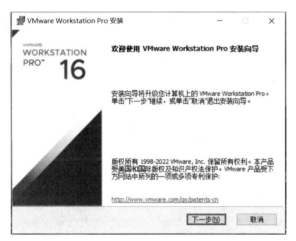

图 2-1　安装向导界面

(2) 阅读 VMware 虚拟机用户许可协议，勾选"我接受许可协议中的条款"，单击"下一步"按钮，如图 2-2 所示。

图 2-2　用户许可协议

（3）进入自定义安装界面，在此界面定义安装位置。系统默认是安装在 C 盘目录下的，用户可单击"更改"按钮自定义安装路径。确认完成后单击"下一步"按钮，如图 2-3 所示。

图 2-3　定义安装目录

（4）进入用户体验设置界面，保持默认设置即可，直接单击"下一步"按钮，如图 2-4 所示。

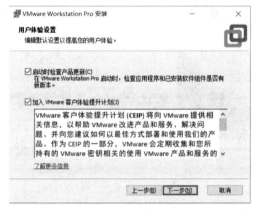

图 2-4　用户体验设置

（5）为了方便以后使用，建议全部勾选该界面显示的"桌面"和"开始菜单程序文件夹"，然后单击"下一步"按钮，如图 2-5 所示。

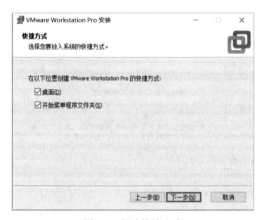

图 2-5　创建快捷方式

(6) 进入已准备好安装 VMware Workstation Pro 界面，确认信息无误，单击"安装"按钮，如图 2-6 所示。

图 2-6　开始安装

(7) VMware WorkstationPro 16 安装完成后就会弹出如下界面，然后单击"完成"按钮退出安装向导，如图 2-7 所示。

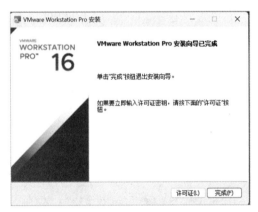

图 2-7　安装完成

(8) 在第一次启动 VMware 时，会提示输入许可证密钥，可以选择输入密钥或者试用 30 天。如果选择试用，可以在 30 天内体验 VMware 的全部功能。

以上就是安装 VMware Workstation 的全部流程。

2.3　在 VMware 中创建 Linux 虚拟机

VMware Workstation 安装完毕之后，就可以自己动手使用该软件创建出一台属于自己的虚拟机了。

2.3.1　选择 Linux 发行版

首先，选择一个 Linux 发行版。在国外，Ubuntu 的使用率高，而在国内，CentOS 的使用率更高。因此，我们选择 CentOS 操作系统。

　　CentOS 目前有两个主流版本，分别是 CentOS 7 和 CentOS 8。CentOS 8 作为 RHEL 8 的复刻版本，已于 2021 年 12 月 31 日停止更新并停止维护。CentOS 7 作为 RHEL 7 的复刻版本于 2020 年 8 月 6 日停止更新，但会延续当前的支持计划，将于 2024 年 6 月 30 日停止维护。由此可见，CentOS 7 的用户更多一些，也更成功一些。因此，我们选择 CentOS 7 这个经典版本。至于 CentOS 7 也停止维护后将何去何从的问题，各个企业早已选好了后路，他们或是迁移到其他发行版，或是购买 RHEL 发行版，或是自行维护 CentOS 7 系统，等等。不过这些都不影响我们目前的学习，学会了如何使用 CentOS 7 以后，我们再去学习其他 Linux 发行版将会变得轻而易举。

　　CentOS 7 操作系统的镜像文件可以从以下地址免费下载：http://mirrors.aliyun.com/centos/7.9.2009/isos/x86_64/。

　　在这个网页中，我们看到 CentOS 7 有多个版本供我们选择，分别是 DVD、Everything、Minimal 和 NetInstall，如图 2-8 所示。

Index of /centos/7.9.2009/isos/x86_64/		
File Name	File Size	Date
Parent directory/	-	-
0_README.txt	2.7 KB	2022-08-05 02:03
CentOS-7-x86_64-DVD-2009.iso	4.4 GB	2020-11-04 19:37
CentOS-7-x86_64-DVD-2009.torrent	176.1 KB	2020-11-06 22:44
CentOS-7-x86_64-DVD-2207-02.iso	4.4 GB	2022-07-26 23:10
CentOS-7-x86_64-Everything-2009.iso	9.5 GB	2020-11-02 23:18
CentOS-7-x86_64-Everything-2009.torrent	380.6 KB	2020-11-06 22:44
CentOS-7-x86_64-Everything-2207-02.iso	9.6 GB	2022-07-27 02:09
CentOS-7-x86_64-Minimal-2009.iso	973.0 MB	2020-11-03 22:55
CentOS-7-x86_64-Minimal-2009.torrent	38.6 KB	2020-11-06 22:44
CentOS-7-x86_64-Minimal-2207-02.iso	988.0 MB	2022-07-26 23:10
CentOS-7-x86_64-NetInstall-2009.iso	575.0 MB	2020-10-27 00:26
CentOS-7-x86_64-NetInstall-2009.torrent	23.0 KB	2020-11-06 22:44
sha256sum.txt	703.0 B	2022-08-05 01:56
sha256sum.txt.asc	1.5 KB	2022-08-05 01:58

图 2-8　CentOS 7 操作系统的镜像文件下载页面

它们之间的区别如下。

　　(1) DVD 版本。DVD 版本是完整的发行版安装映像，通常包含完整的操作系统及其相关软件包。它提供了广泛的应用程序和工具，能满足大多数用户的需求。安装 DVD 版本，可以在无网络连接的情况下完成整个安装过程。

　　(2) Everything 版本。Everything 版本类似于 DVD 版本，它也是一个完整的发行版安装映像，包含了全部软件包和工具。不同之处在于，Everything 版本通常比 DVD 版本更大，因为它包含了发行版提供的所有可选软件包。这意味着用户可以根据需要选择和安装所需的软件包。

　　(3) Minimal 版本。Minimal 版本是一个精简版的发行版安装映像，只包含最基本的操作系统组件和最小的软件集合。这种版本适用于那些希望自定义和精简系统的用户，以及需要在资源受限的环境中部署的场景。

　　(4) NetInstall 版本。NetInstall 版本是一个非常小的安装映像，通常只包含启动和安装所需的最基本的文件。它需要通过网络连接下载并安装所需的软件包。NetInstall 版本适用于那些希望通过网络从发行版的软件仓库中选择和安装软件包的用户。

　　在这里我们选择 Minimal 版本。因为它可以避免安装不需要的软件包，减少系统资源的占用，比较适合虚拟机。

2.3.2　创建 Linux 虚拟机

镜像文件下载完成后就可以创建虚拟机了，具体步骤如下。

(1) 单击"创建新的虚拟机"选项，进入新建虚拟机向导界面，如图 2-9 所示。

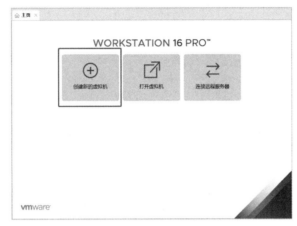

图 2-9　创建新的虚拟机

(2) 选择"典型(推荐)(T)"选项，然后单击"下一步"按钮，进入安装客户机操作系统界面，如图 2-10 所示。

图 2-10　安装向导

(3) 选择"稍后安装操作系统"选项，然后单击"下一步"按钮，如图 2-11 所示。

(4) 进入选择客户机操作系统界面，在客户机操作系统中选择 Linux(L)选项，版本选择"CentOS 7 64 位"，然后单击"下一步"按钮，如图 2-12 所示。

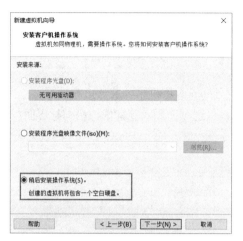

图 2-11　安装客户机操作系统界面

图 2-12　选择客户机操作系统界面

(5) 进入命名虚拟机界面，将虚拟机名称修改为 centos，位置修改为 D:\VirtualMachines\ centos，然后单击"下一步"按钮，如图 2-13 所示。

图 2-13　命名虚拟机界面

(6) 进入指定磁盘容量界面，将虚拟机的最大磁盘大小设置为 20GB，然后单击"下一步"按钮，如图 2-14 所示。

图 2-14　指定磁盘容量界面

(7) 进入已准备好创建虚拟机界面，单击"完成"按钮，如图 2-15 所示。

图 2-15　已准备好创建虚拟机界面

(8) 进入创建虚拟机完成界面，单击"编辑虚拟机设置"选项，进入虚拟机设置界面，如图 2-16 所示。

图 2-16　创建虚拟机完成界面

(9) 在虚拟机设置界面，单击"内存选项"，将虚拟机内存设置为 4096 MB，如图 2-17 所示。

图 2-17　虚拟机内存设置

(10) 单击"处理器"选项，进入虚拟机处理器设置界面，将每个处理器的内核数量设置为 4，如图 2-18 所示。

图 2-18　虚拟机处理器设置界面

(11) 单击 CD/DVD (IDE)选项，进入虚拟机光驱设置界面，选择"使用 ISO 映像文件"，可通过"浏览"选项设置镜像文件(在 2.3.1 中下载的镜像文件)位置，如图 2-19 所示。

图 2-19　虚拟机光驱设置界面

(12) 单击"网络适配器"选项，进入网络适配器设置界面，网络连接选择"NAT 模式"，如图 2-20 所示。

图 2-20　网络适配器设置界面

(13) 最后，单击"确定"按钮，完成虚拟机硬件的设置。

至此，Linux 虚拟机创建完成。

2.3.3 安装 CentOS 7 系统

一旦虚拟机创建完成，它就可以像一台真实的计算机一样使用。接下来，我们在这台虚拟机上安装 CentOS 7 操作系统。

(1) 单击图 2-16 中的"开启此虚拟机"按钮，进入 CentOS 7 安装界面，如图 2-21 所示。

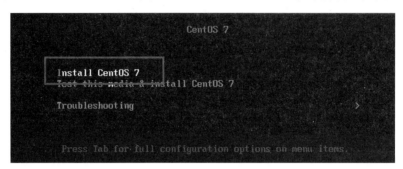

图 2-21　CentOS 7 安装界面

这里的三个选项翻译如下。

① Install CentOS 7：安装 CentOS 7。

② Test this media & install CentOS 7：测试安装文件并且安装 CentOS 7。

③ Troubleshooting：修复故障。

单击这个界面，如果发现鼠标箭头不见了，那就说明已经切入虚拟机了。这时候可以使用键盘的上下键选择第一个选项。选中后该选项会变为白色，然后按 Enter 键确认选择，进入安装向导初始化界面。

(2) 在安装向导初始化界面等待几分钟后，会自动进入选择系统语言界面，如图 2-22 所示。

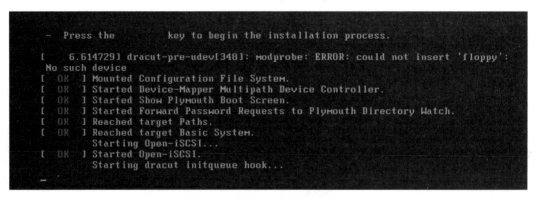

图 2-22　安装向导初始化界面

(3) 在选择系统语言界面，选择中文，如图 2-23 所示。

(4) 选择系统语言后，单击"继续"按钮，进入安装信息摘要界面，如图 2-24 所示。在该界面把右方的滚动条达到最底部，可以看到"安装位置"按钮。(注意：在没有选择安装位置之前，右下角的"开始安装"按钮是无法点击的。)

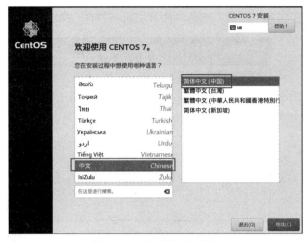

图 2-23　选择系统语言界面

图 2-24　安装信息摘要界面

(5) 单击"安装位置"按钮，进入安装目标位置界面，这里所有选项保持默认设置即可，单击"完成"按钮，回到安装信息摘要界面，如图 2-25 所示。

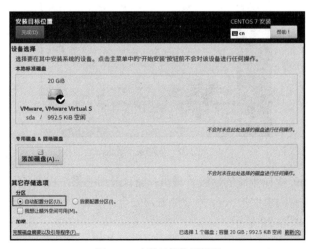

图 2-25　安装目标位置界面

(6) 单击"网络和主机名"按钮，进入网络和主机名界面，如图 2-26 所示。

图 2-26　网络和主机名界面

(7) 先打开"以太网"右边的开关(图 2-27)，然后单击"完成"按钮，回到安装信息摘要界面。

图 2-27　打开"以太网"右边的开关

(8) 单击"开始安装"按钮，进入安装进度界面，如图 2-28 所示。

图 2-28　安装进度界面

(9) root 用户是 Linux 操作系统的超级管理员，拥有最高的系统权限。为了确保系统安全，在安装过程中必须设置一个密码来保护 root 用户的账户安全。单击"ROOT 密码"选项，进入 ROOT 密码界面进行设置，如图 2-29 所示。

图 2-29　设置 ROOT 密码界面

(10) 在学习过程中，我们可以为 root 用户设置一个简单的密码 123456，以便使用。在真实的应用场景下，要设置一个足够安全的密码来确保 root 账户的安全。填写 root 密码与确认密码都为 123456，然后单击"完成"按钮，返回安装进度界面。

(11) 等待安装完成后，单击"完成配置"按钮，如图 2-30 所示。在某些 CentOS 7 版本中，该操作是可选的，可以直接进入下一步操作。

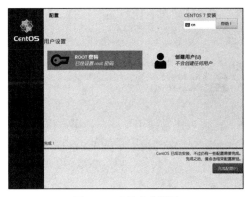

图 2-30　安装完成界面

(12) 等待配置完成后，单击"重启"按钮，如图 2-31 所示。

图 2-31　配置完成界面

(13) 重启之后即可进入 CentOS 7 操作系统的登录界面，如图 2-32 所示。

图 2-32　CentOS 7 操作系统登录界面

至此，CentOS 7 操作系统安装完成。

因为我们选择的是 Minimal 版本，是不包含桌面系统的。所以看到的是和 Windows 操作系统完全不同的命令行界面。在这个界面中，没有任何图形化的图标和按钮，鼠标也不起作用，所有的操作都需要通过输入命令来完成。

2.4　使用 Linux 虚拟机

Linux 虚拟机安装完成后，就可以正常使用了。在使用过程中，远程登录、关闭虚拟机、快照与克隆是用户必须掌握的操作，这些操作能给用户的使用和学习带来很大便利。

2.4.1　远程登录

在真实的环境里，服务器摆放在专业机房中，程序员是接触不到物理服务器的。当程序员需要使用服务器的时候，就需要远程登录到 Linux 上进行操作。在互联网上，支持远程登录 Linux 的程序有很多，如 Xshell、FinalShell、MobaXterm 等，本书使用 Xshell。作为商业软件的 Xshell，不仅具有更高的稳定性，而且为学生提供了免费的许可证。免费的 Xshell 下载网址为 https://www.xshell.com/zh/free-for-home-school/。

另外，这个网页上的 Xftp 是用于在 Linux 和本地之间传输文件的工具，后面也会用到，也需要下载。

Xshell 和 Xftp 的安装比较简单，按照安装向导的提示信息依次单击"下一步"按钮即可，这里就不再对安装过程进行赘述了。

Xshell 安装完毕后，就可以使用它远程登录 Linux，具体的操作如下。

(1) 在虚拟机中的 localhost login 位置输入 root，然后按下回车键。在 Password 位置输入 123456(注意：Linux 为了保障安全，对输入的密码是不会回显的，也就是说看不到输入的密码是正常情况)，然后按下回车键，即可在服务器上登录 root 用户。登录成功后，界面如图 2-33 所示；如果登录失败，请检查账号和密码后重新登录。

图 2-33 登录 root 用户

(2) 输入以下命令查看 Linux 服务器的 IP 地址，如图 2-34 所示。

```
ip addr
```

输出内容中第 14 行的 192.168.114.146 就是服务器的 IP 地址。这个 IP 地址是虚拟机根据配置分配的，每个人都不相同，只需要记录下自己的 Linux 服务器 IP 即可。

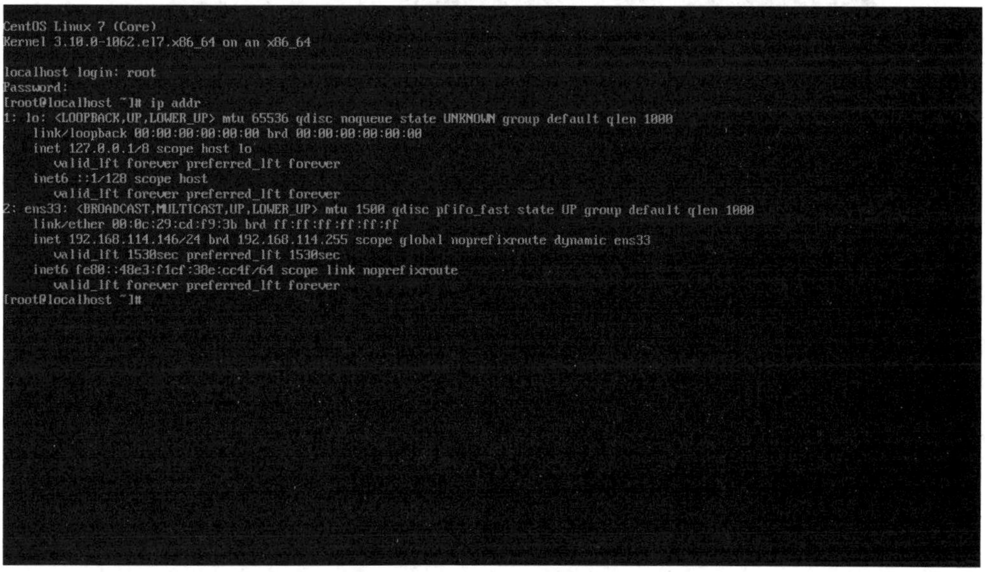

图 2-34 查看 Linux 服务器 IP

(3) 打开 Xshell 软件，输入姓名和邮箱，单击"提交"按钮，获取免费许可证，如图 2-35 所示。

图 2-35　获取 Xshell 的免费许可证

(4) 在出现的界面中单击"文件"菜单栏，选择"新建"选项，如图 2-36 所示。

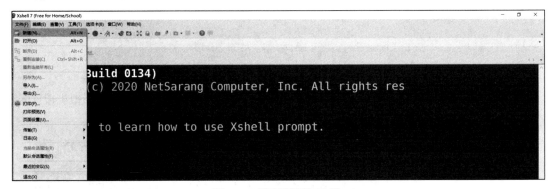

图 2-36　新建远程登录会话

(5) 进入新建会话属性界面，依次输入名称和主机信息，分别是 centos 和 192.168.114.146，如图 2-37 所示。然后单击"确定"按钮，回到主界面。

图 2-37　设置会话属性

(6) 单击主界面的"会话"按钮，在弹出的会话界面中单击 centos 选项，如图 2-38 所示。

图 2-38 会话界面

(7) 进入 SSH 安全警告界面，单击"接受并保存"按钮，如图 2-39 所示。

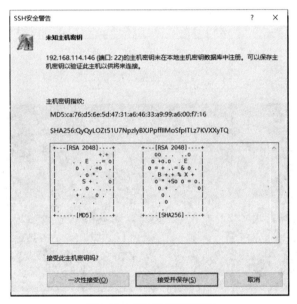

图 2-39 SSH 安全警告界面

(8) 进入 SSH 用户界面，在"请输入登录的用户名"的下面的文本框中输入 root，勾选"记住用户名"选项，然后单击"确定"按钮，如图 2-40 所示。

图 2-40 SSH 用户名界面

(9) 进入在 SSH 用户身份验证界面，在"密码"文本框中输入 123456，勾选"记住密码"选项，然后单击“确定”按钮，如图 2-41 所示。

SSH用户身份验证
远程主机:
192.168.114.146:22 (centos)
登录名:
root
服务器类型:
SSH2, OpenSSH_7.4
请在下面选择恰当的身份验证方法并提供登录所需的信息。
Password(P)
密码(W):
Public Key(U)
用户密钥(K):
浏览(B)...
密码(H):
Keyboard Interactive(I)
使用键盘输入用户身份验证。
记住密码(R)
确定
取消

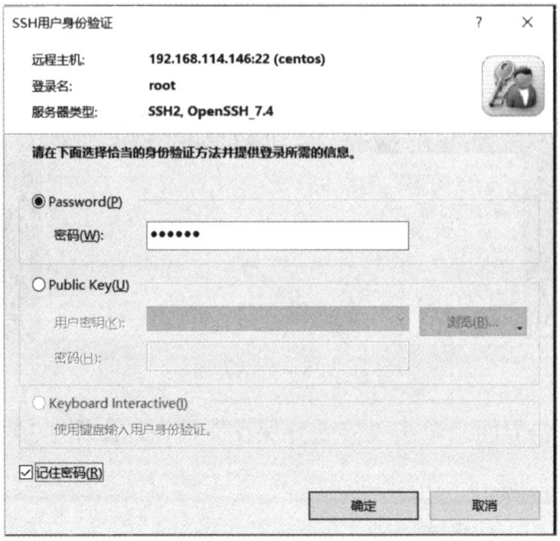

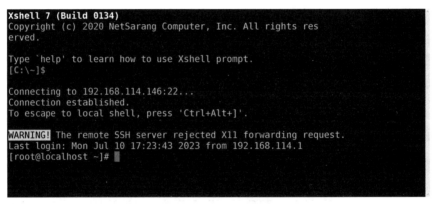

图 2-41　SSH 用户身份验证界面

(10) 等待连接成功后，进入远程登录成功界面，如图 2-42 所示。

Xshell 7 (Build 0134)
Copyright (c) 2020 NetSarang Computer, Inc. All rights res
erved.
Type `help' to learn how to use Xshell prompt.
[C:\~]$
Connecting to 192.168.114.146:22...
Connection established.
To escape to local shell, press 'Ctrl+Alt+]'.
WARNING! The remote SSH server rejected X11 forwarding request.
Last login: Mon Jul 10 17:23:43 2023 from 192.168.114.1
[root@localhost ~]#

图 2-42　远程登录成功界面

至此，使用 Xshell 远程登录 Linux 服务器成功。这些步骤中许多都是第一次登录时的配置操作，后续再进行远程登录只需要启动虚拟机，然后执行第(6)步即可。

本书从第 3 章开始，所有的命令操作都是在 Xshell 中远程登录后执行的。

2.4.2　关闭虚拟机

关闭虚拟机的操作很简单，在 VMware Workstation 中直接单击 centos 选项卡的“×”按钮即可，如图 2-43 所示。

这里的“挂起”“关机”和“在后台运行”的区别如下。

(1) 挂起：关闭虚拟机，但是保存当前的运行状态，下次启动后恢复至该状态。

(2) 关机：关闭虚拟机，下次启动后重新开始操作。

(3) 在后台运行：不关闭虚拟机，放在后台运行。

通常单击“关机”按钮来关闭虚拟机。

图 2-43　关闭虚拟机

2.4.3　快照与克隆

在 Linux 学习过程中，有些实验需要反复操作练习，有些实验操作失误会破坏操作系统，有些实验还需要在不同的虚拟机中安装和测试不同的软件及配置。这时，我们就需要使用虚拟机的快照与克隆功能来提高效率并减少由于错误带来的损失。

1. 快照

快照就是保存现有系统的一个状态，如果正在使用的系统损坏或不能正常运行，就可以直接回到保存的状态。例如，为刚安装完成的 CentOS 虚拟机拍摄一个快照，当安装某款软件出错，导致系统损坏或不能正常运行时，可以将系统直接恢复到刚才拍摄的快照状态，而不用重新安装系统。

有关快照的操作方法如下。

(1) 拍摄快照：右击虚拟机名称，在弹出的快捷菜单中选择"快照"，然后单击"拍摄快照"按钮，如图 2-44 所示。在此界面可以为要拍摄的快照设置名称和描述信息。

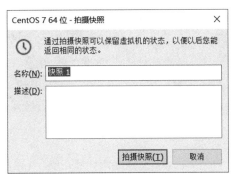

图 2-44　拍摄快照

(2) 快照管理：右击虚拟机名称，在弹出的快捷菜单中选择"快照"和"快照管理器"。可以在此界面对快照进行管理，如拍摄快照、保留、克隆、删除等，如图 2-45 所示。

(3) 恢复快照：在快照管理器界面，选择要恢复的快照(如快照 1)，然后单击"转到"按钮，在弹出的确认框中单击"是"按钮，即可恢复到指定的快照状态，如图 2-46 所示。

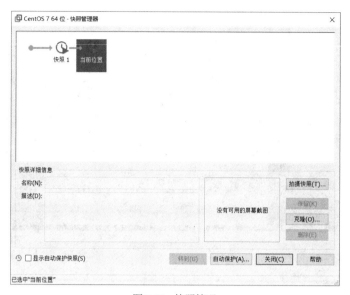

图 2-45　快照管理

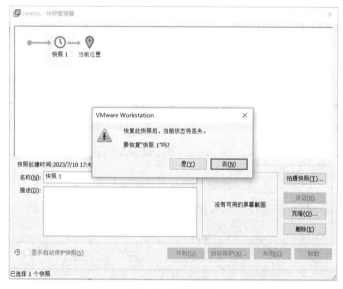

图 2-46　恢复快照

这些都是快照的常用操作。

2. 克隆

克隆是指复制原始虚拟机的全部状态。克隆操作一旦完成，克隆的虚拟机就可以脱离原始虚拟机独立存在，而且在克隆的虚拟机中和原始虚拟机中的操作相对独立的、互不影响。

克隆虚拟机的步骤如下。

(1) 关闭虚拟机。克隆虚拟机只能在虚拟机未启动的状态下进行。

(2) 右击虚拟机名称，在弹出的快捷菜单中依次选择"管理"和"克隆"，进入克隆虚拟机向导界面，单击"下一步"按钮，如图 2-47 所示。

图 2-47　克隆虚拟机向导界面

(3) 在弹出的克隆源界面中选择"虚拟机中的当前状态",并单击"下一步"按钮,如图 2-48 所示。

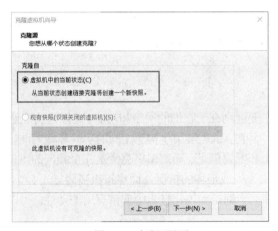

图 2-48　克隆源界面

(4) 在弹出的克隆类型界面中选择"创建完整克隆",并单击"下一页"按钮,如图 2-49 所示。

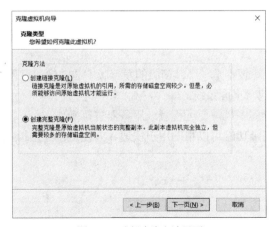

图 2-49　选择克隆方法界面

（5）在弹出的新虚拟机名称界面中可以设置虚拟机的名称及位置，然后单击"完成"按钮，如图 2-50 所示。

图 2-50　设置虚拟机名称及位置界面

（6）等待几分钟后，克隆完成，库列表中增加了刚才克隆的虚拟机。

至此克隆操作完成，新的虚拟机除了和源虚拟机一模一样外，还可以独立运行，与源虚拟机互不干扰。

3. 快照和克隆的区别

虚拟机快照和克隆的主要区别在于它们的用途和功能。虚拟机快照通常用于创建一个虚拟机的备份实验环境或测试环境，而虚拟机克隆用于构建相同的实验环境或测试环境。虚拟机快照只记录虚拟机在某个时间点的状态和配置信息，而虚拟机克隆是完全相同的虚拟机实例。此外，使用快照恢复虚拟机可能会导致数据丢失或损坏的情况，而虚拟机克隆则不会影响原始虚拟机。

总之，虚拟机的快照和克隆都是虚拟化技术中非常有用的功能，可以帮助用户快速、方便地创建虚拟机实例，提高学习效率。

本章总结

（1）VMware 和 VirtualBox 都是强大的虚拟机软件，可以在物理计算机上模拟一个或多个虚拟计算机。

（2）CentOS 7 的 Minimal 版本是一个精简版的发行版安装映像，只包含了最基本的操作系统组件和最小的软件集合，不包含桌面系统。

（3）在真实的环境里，程序员需要远程登录服务器进行操作。

（4）虚拟机的快照和克隆功能可以帮助用户快速、方便地创建虚拟机实例，提高学习效率。

巩固练习

一、选择题

1. 使用 VMware 创建虚拟机，应该下载(　　)软件。
   A. VMware Workstation　　　　　　　B. VMware Fusion
   C. VMware ESXi　　　　　　　　　　　D. VMware Player

2. 本书推荐使用(　　)版本的 CentOS 7 镜像。
   A. DVD　　　　　B. Everything　　　　C. Minimal　　　　D. NetInstall

3. 在创建 Linux 虚拟机的过程中，选择(　　)网络配置来连接到 Internet 上。
   A. 静态 IP 地址　　　B. 动态 IP 地址　　　C. 桥接模式　　　D. NAT 模式

4. 安装 CentOS 7 操作系统的过程中，默认的超级管理员是(　　)用户。
   A. root　　　　　B. Administration　　C. Admin　　　　D. Guest

5. 关闭虚拟器需要点击(　　)按钮。
   A. 挂起　　　　　B. 关闭　　　　　C. 后台运行　　　D. 关闭软件

二、填空题

1. _____和_____是主流的 Linux 发行版。
2. 本书使用_____软件实现远程登录 Linux 服务器。
3. _____命令用于查看 Linux 服务器 IP 地址。
4. _____操作可以为虚拟机做一个备份。
5. _____操作可以复制一个相同的虚拟机。

三、简答题

1. 请简述 Linux 系统的特点。
2. 请简述 Linux 系统的安装步骤。

第 **3** 章　基础命令

在 Linux 中，文件和目录是操作系统的基本组成部分，因此理解与掌握文件和目录的基本操作是使用 Linux 的必要条件之一。本章将探讨如何在 Linux 中通过命令对文件和目录进行操作。这些命令都是使用 Linux 的基础，有助于用户更高效地使用和管理 Linux。

学习目标

1. 掌握 Linux 的基本命令格式。
2. 掌握常用的文件和目录操作命令。
3. 掌握文件编辑 vi 命令的使用方法。

3.1　Linux 的字符操作界面

Linux 提供了两种主要的用户界面，分别是图形用户界面(GUI)和命令行界面(CLI)。

GUI 是一种基于图形化的界面，用户可以通过鼠标、键盘等设备来与系统交互。GUI 通常使用窗口、菜单、按钮等图形元素来展示和控制系统功能，这种界面通常比较直观，易于使用。在 Linux 中，常见的 GUI 软件有 GNOME、KDE、XFCE 等。这些软件提供了一系列应用程序，如文件管理器、文本编辑器、Web 浏览器等，用户可以通过图形界面来操作这些应用程序。

CLI 是一种基于命令行的界面，用户需要通过键入命令来与系统交互。CLI 通常比 GUI 更高效和强大，尤其是在处理复杂任务时。在 Linux 中，常用的 CLI 软件有 Bourne Shell(简称 sh)、C-Shelll(简称 csh)、Korn Shell(简称 ksh)和 Bourne Again Shell (简称 bash)。这些软件提供了一系列命令和工具，如文件管理命令、文本处理工具、软件包管理器等，用户可以通过命令行和工具来完成相应的任务。

在 2.2.3 节介绍过，Minimal 版本的 CentOS 7 是不包含 GUI 相关软件的，因此，只能使用 CLI 界面。

CLI 的本质是提供了一个命令的输入和输出环境，命令的解析和执行还需要依靠 shell 程序完成。

3.1.1　shell

shell 的俗称是 "操作系统的外壳"，实际上是操作系统里的一种命令解释程序。它提供了一个用户与操作系统内核之间交互的界面。当用户在终端窗口中输入命令时，shell 会解析这些命令并将其发送给操作系统内核来执行，如图 3-1 所示。

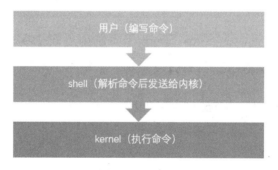

图 3-1　shell 程序

Linux 中的 shell 程序有很多，各自的特点见表 3-1。

表 3-1　Linux 中常见的 shell

名称	shell 程序	描述
sh	/bin/sh	最早的 shell 程序，支持用户交互式命令编程
csh	/bin/csh	使用 C 语言语法的 shell 程序，交互性更强
tcsh	/bin/tcsh	微型的 shell 程序在一些小型系统中使用
bash	/bin/bash	Linux 中最常用的 shell，也是 linux 系统默认的 shell 程序

3.1.2　bash shell

bash shell 是大多数 Linux 发行版中默认的 shell。它是由布莱恩·福克斯在 1987 年为 GNU 项目编写的自由软件。bash shell 继承了 bourne shell(/bin/sh)的特性，并增加了许多扩展功能，如命令行编辑、自动补全和历史记录等，使其在终端窗口中使用更加方便、快捷。

用户通过 CLI 方式登录到 Linux 后，Linux 会自动显示 bash 提示符。标准的 bash 提示符通常包含登录的用户名、主机名、当前目录和命令提示符，如图 3-2 所示。

图 3-2　bash 提示符

通常情况下，在 bash shell 提示符中，系统管理员的命令提示符会以"#"结尾，而普通用户的命令提示符则以"$"结尾。用户只需要在这些提示符后面输入命令并按下回车键即可执行相应的操作。输入的命令将由 bash shell 进行解释后交给内核执行，然后输出结果或者提示出错。

在 Linux 中，大部分操作类命令执行成功后都不会有任何输出结果。如果执行成功，不会有任何输出，否则，就会提示出错。

3.2　文件类型以及目录结构

在 Linux 中，一切皆文件。Linux 将所有的设备、文件、目录、进程等都当作文件来处理，统一了对它们的操作方法。这使得 Linux 具有了很高的灵活性和可扩展性。

3.2.1　文件类型

在学习文件类型之前，用户需要了解如何正确地为文件取名。正确的文件命名可以帮助用户更好地管理和操作文件，避免文件名混淆和误操作。此外，当多人协同工作时，使用有意义的文件名可以提高沟通效率，减少误解和错误。因此，熟悉文件命名规则并养成良好的命名习惯是 Linux 文件管理的重要一环。

1. Linux 中文件的命名规则

在 Linux 中，文件命名有以下规则。

(1) 文件名区分大小写：file.txt 和 File.txt 是不同的文件。

(2) 文件名可以包含字母、数字、下画线和连字符(减号)，但是不允许包含其他特殊字符，如空格、反斜杠等。

(3) 文件名的长度可以是任意的，但是在实践中，较短的文件名更易于记忆和操作。

(4) 文件名的第一个字符不能是句点(.)，因为以句点开头的文件名被视为隐藏文件。

(5) 文件名可以包含多个句点，但是最好不要过多使用，以免混淆。

(6) 文件名应该使用有意义的名称，以便于用户和其他程序员识别文件的内容和用途。

用户在进行文件命名时应当遵循命名规则，以便于管理和操作文件。

2. Linux 中文件的扩展名

在 Linux 中，文件的扩展名不像在 Windows 系统中那样是必需的。因为文件类型可以通过文件内容或文件权限来确定，所以并非所有的文件都具有扩展名。但是，使用一些常见的文件扩展名可以帮助用户更方便地识别文件类型。

以下是一些 CentOS 中常见的文件扩展名。

(1) .sh：shell 脚本文件，包含一系列命令和程序来执行特定任务。

(2) .rpm：RPM(Red Hat Package Manager)软件包文件，用于在 Red Hat 系列的 Linux 发行版上安装、升级和管理软件包。

(3) .conf：配置文件，包含应用程序的设置和配置信息。

(4) .tar.gz、.zip、.bzip2：表示压缩文件。

3. Linux 中文件的类型

在 Linux 中，每个文件根据内容或者权限都被设置为某种特定的类型。这种分类方式为用户提供了更清晰和系统文件管理方式，不同类型的文件拥有不同的属性和操作权限。常见的文件类型包括以下几种。

(1) 普通文件：包括文本文件、二进制文件、脚本文件等，它是存储文件数据的标准文件类型。

(2) 目录：存储其他文件和目录的容器，可以通过它来组织和管理文件。

(3) 符号链接：类似于 Windows 中的快捷方式，它是一个指向另一个文件或目录的指针，用于方便地访问文件。

(4) 块设备：如硬盘驱动器、U 盘等，可以以块为单位进行访问，也可以随机访问数据并支持缓存。

(5) 字符设备：如打印机、串行端口等，可以以字符为单位进行访问，支持顺序访问和缓存。

(6) 套接字：用于进程间通信的一种机制，允许不同的进程在网络上进行通信。

(7) 管道：用于进程间通信的另一种机制，它将一个进程的输出连接到另一个进程的输入，通常用于管道命令。

(8) 共享内存：一种特殊的文件类型，允许不同的进程共享同一块内存区域，用于高效地进行进程间通信和数据共享。

了解这些文件类型及其属性，可以帮助用户更好地理解和掌握 Linux 的文件管理方式。

3.2.2　目录结构

Windows 以多根的方式组织文件(如 C:\ 、D:\ 、E:\)，而 Linux 以单根的方式组织文件，如图 3-3 所示。

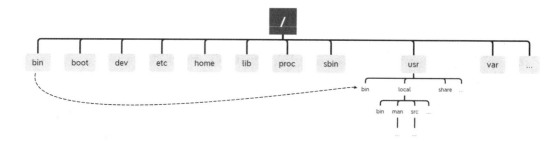

图 3-3　Linxu 目录结构

由图 3-3 可以看到，所有文件都在根目录(/)下，其中箭头指向真实存在的文件。例如，/bin 实际存在于/usr/bin 中，/bin 只是一个链接文件。

大多数 Linux 发行版都遵循文件系统层次化标准，它定义了系统相关的文件和目录的位置，以及这些文件和目录应该包含哪些内容。例如，/etc 目录主要存放系统配置文件，/dev 目录主要存放设备与接口文件。根目录下常见的目录介绍见表 3-2。

表 3-2　linux 的常见目录

目录名	描述
/bin	存放系统中最常用的二进制可执行文件(命令文件)。这个目录中的文件都是普通用户可以使用的命令
/boot	存放 Linux 内核和系统启动文件，包括 grub 和 lilo 启动程序
/dev	存放所有设备文件，包括硬盘、分区、键盘、鼠标、USB 等
/etc	存放系统所有的配置文件，如 passwd 存放用户账户信息，hostname 存放主机名等
/home	普通用户的主目录。普通用户登录后默认所在的位置
/mnt	用作被挂载的文件系统的挂载点(mount point)
/opt	可选的文件和程序的存放目录。有些软件包也会被安装在这里，用户也可以把自己编译的软件包安装在这个目录中
/sbin	存放涉及系统管理的命令，也是超级管理员 root 执行命令的存放地。普通用户无权限执行这个目录下的命令。
/tmp	临时文件目录，存放程序运行时产生的临时文件。该目录中的内容会被定期清理
/proc	存放所有标志为文件的进程，它们是通过进程号或其他的系统动态信息进行标识的。例如，CPU、硬盘分区、内存信息等都存放在这里
/root	root 用户的主目录。root 用户登录后所在的位置

3.2.3　文件路径

用户在磁盘中查找文件时所历经的目录线路称为文件路径，如图 3-4 所示。

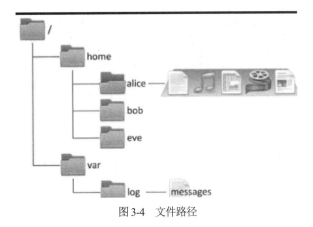

图 3-4　文件路径

在图 3-4 中，用户需要查找 messages 文件，可以从根目录开始，依次通过 var 目录、log 目录，然后找到 messages 文件。那么，这个目录线路/var/log/message 就是 message 的文件路径。

根据文件路径中不同的起始目录，文件路径可分为绝对路径和相对路径两种。

1. 绝对路径

绝对路径是指从根目录(/)开始的路径。例如，以下路径都是绝对路径。

```
/bin
/usr/local
/var/log/maillog
/etc/sysconfig/network-scripts/ifcfg-ens33
```

2. 相对路径

相对路径是指相对于当前工作目录的路径。例如，如图 3-4 所示，当用户在 home 目录时，以下路径都是相对路径。

```
alice
./bob
..
../var/log/message
```

在相对路径中，".."表示当前目录的上层目录，"."表示当前目录。

3.3　文件的基础操作命令

文件的基础操作令可以分为处理命令、查看命令、检索命令和编辑命令等类型。

3.3.1　命令的基本格式

Linux 命令由命令名称和选项、参数组成，一般格式如下。

```
command    [选项]    [参数]
```

(1) command 是要执行的命令名称，可以是内置的命令，也可以是用户安装的命令。

(2) 命令选项(option)用于指定相同命令的不同行为。例如，在显示当前目录下的内容的 ls 命令中，-a 选项用于显示所有文件(包括隐藏文件)，-h 选项用于以人类可读的方式显示文件大小。多个选项可以合并使用，如果用户不指定选项，那么将会使用默认选项。

(3) 命令参数(argument)，用于指定需要操作的对象，如文件、目录、字符串等。例如，在用于复制文件的 cp 命令中，第一个参数通常是要复制的源文件，第二个参数是目标目录或文件名。如果用户不指定参数，那么命令将无法执行。

这三个部分中，命令名称是必须的，选项和参数是可选的，可以有零个或多个选项和参数。选项和参数赋予了命令灵活性和可定制性，可帮助用户更好地完成各种任务。

3.3.2 文件处理命令

文件处理命令包括创建、复制、移动、重命名、删除、查找、编辑等。下面介绍一些常见的文件处理命令。

1. ls 命令

ls 命令用于显示指定目录下的内容，格式如下。

```
ls  [选项]  [文件或目录]
```

ls 命令常用选项见表 3-3。

表 3-3 ls 命令常用选项

选项	说明
-l	以长格式显示文件的详细信息
-h	以人性化的方式显示文件的详细信息
-a	显示所有文件及目录(包括隐藏文件与目录)
-d	只列出目录(不递归列出目录内的文件)
-R	递归显示目录中的所有文件和子目录

案例 3-1：显示当前目录下的内容。

```
[root@localhost ~]# ls
anaconda-ks.cfg
```

案例 3-2：显示当前目录下的内容的详细信息。

```
[root@localhost ~]# ls -l
总用量 4
-rw-------. 1 root root 1241 7月  11 05:55 anaconda-ks.cfg
[root@localhost ~]# ll
总用量 4
-rw-------. 1 root root 1241 7月  11 05:55 anaconda-ks.cfg
```

输出的第一个字符表示文件的类型。例如，-表示普通文件，d 表示目录，l 表示符号链接，b 表示块设备，c 表示字符设备，s 表示套接字，p 表示管道。

注意：

ls -l 命令可以简写为 ll。

案例 3-3： 显示当前目录下的所有文件。

```
[root@localhost ~]# ls -a
.   anaconda-ks.cfg  .bash_logout  .bashrc  .tcshrc
..  .bash_history    .bash_profile  .cshrc
```

当使用 ls -a 命令显示所有文件信息时，会发现结果中多了许多以"."开头的文件。这些文件都是 Linux 中的隐藏文件，其中又有两个特殊的文件："."和"..",它们分别代表当前目录和上一级目录。

案例 3-4： 显示根目录下的所有文件。

```
[root@localhost ~]# ls /
bin   dev  home  lib64  mnt  proc  run   srv  tmp  var
boot  etc  lib   media  opt  root  sbin  sys  usr
```

注意：

输出结果中不同颜色代表不同的文件类型。例如，蓝色表示目录，绿色表示可执行文件，浅蓝色表示链接文件，红色表示压缩文件，黄色表示设备文件，等等。

2. cd 命令

cd 命令用于切换当前工作目录，格式如下。

```
cd   [目录]
```

[目录]参数可为绝对路径或相对路径。若省略目录名称，则会切换到使用者的家目录(刚登录时所在的目录)。此外，"~"表示家目录，"."表示当前目录，".."表示当前目录的上一级目录。

案例 3-5： 切换到上一级目录。

```
[root@localhost ~]# cd ..
[root@localhost /]#
```

注意：

切换后，命令提示符中的当前目录已经变成了根目录(/)。

案例 3-6： 使用绝对路径切换到/usr/bin 目录下。

```
[root@localhost /]# cd /usr/bin
[root@localhost bin]#
```

注意：

切换后，命令提示符中的当前目录已经变成了 bin 目录。

案例 3-7： 使用相对路径切换到/var/log 目录下。

```
[root@localhost bin]# cd ../../var/log/
[root@localhost log]#
```

注意：

切换后，命令提示符中的当前目录已经变成了 log 目录。

案例 3-8： 切换到自己的家目录。

```
[root@localhost log]# cd ~
[root@localhost ~]#
```

注意：

切换后，命令提示符中的当前目录已经变成了家目录(~)。

在使用 cd 命令时，需要注意以下几点。
(1) 检查路径是否正确，特别是在使用相对路径时更容易出错。
(2) 路径中如果包含空格和特殊字符，需要使用转义符或引号。
(3) 为了方便使用，可以使用 Tab 键自动补全路径。

3. pwd 命令

pwd 命令用于显示当前所在的工作目录。cd 命令可以更改当前工作目录，而 pwd 命令可以用来确认当前的工作目录路径。pwd 命令没有选项和参数，直接在命令行中输入即可，它会输出当前工作目录的绝对路径。

案例 3-9： 查看当前所在目录。

```
[root@localhost ~]# pwd
/root
```

4. touch 命令

touch 命令用于创建文件或者修改文件的时间标签。如果文件不存在，会创建一个新文件；如果文件已经存在，则会修改文件的时间戳为当前时间。touch 命令的格式如下：

```
touch [选项] [文件或目录]
```

touch 命令常用选项见表 3-4。

表 3-4 touch 命令常用选项

选项	说明
-m	改变文件的修改时间记录
-a	改变文件的读取时间记录
-d	设定时间与日期，可以使用各种不同的格式

案例 3-10： 在当前目录下创建 file 文件。

```
[root@localhost ~]# touch file
[root@localhost ~]# ls
anaconda-ks.cfg  file
```

案例 3-11： 将 file 文件的修改时间记录调整为 2023 年 3 月 23 日。

```
[root@localhost ~]# touch -md "2023/3/23" file
[root@localhost ~]# ll
```

```
总用量 4
-rw-------. 1 root root 1241 7月  11 05:55 anaconda-ks.cfg
-rw-r--r--. 1 root root    0 3月  23 2023 file
```

5. mkdir 命令

mkdir 命令用于创建目录，格式如下。

```
mkdir [选项] [目录]
```

mkdir 命令常用选项见表 3-5。

表 3-5　mkdir 命令常用选项

选项	说明
-p	若路径中的目录不存在，则先创建目录
-v	查看文件创建过程

案例 3-12：在当前目录下，创建 dzqc 目录。

```
[root@localhost ~]# mkdir dzqc
[root@localhost ~]# ls
anaconda-ks.cfg  dzqc  file
```

案例 3-13：在 dzqc 目录下创建 study 目录，并在 study 目录下创建 linux 子目录。

```
[root@localhost ~]# mkdir -p dzqc/study/linux
[root@localhost ~]# ls -R dzqc
dzqc:
study

dzqc/study:
linux

dzqc/study/linux:
```

6. cp 命令

cp 命令用于复制文件或目录，格式如下。

```
cp [选项] [源文件或目录] [目标文件或目录]
```

cp 命令常用选项见表 3-6。

表 3-6　cp 命令常用选项

选项	说明
-a	此选项通常在复制目录时使用，该选项会保留链接、文件属性
-f	直接覆盖已经存在的目标文件而不是给出提示
-r	若源文件是一个目录文件，此时将复制该目录下所有的子目录和文件
-i	不复制文件，只是生成链接文件

案例 3-14：将/root 目录下的 anaconda-ks.cfg 文件复制到/home 目录下。

```
[root@localhost ~]# cp anaconda-ks.cfg /home/
[root@localhost ~]# ls /home/
anaconda-ks.cfg
```

案例 3-15：将/etc 目录和其中的所有内容复制到/home 目录下。

```
[root@localhost ~]# cp -r /etc/ /home/
[root@localhost ~]# ls /home/
anaconda-ks.cfg  etc
```

7. mv 命令

mv 命令用于为文件或目录重命名，也可用于将文件或目录移到其他位置，格式如下。

mv [选项] [源文件或目录] [目标文件或目录]

mv 命令常用选项见表 3-7。

表 3-7 mv 命令常用选项

选项	说明
-b	当目标文件或目录存在时，在执行覆盖前，会为其创建一个备份
-n	不要覆盖任何已存在的文件或目录

案例 3-16：将/root 目录下的 file 文件重命名为 afile。

```
[root@localhost ~]# mv file afile
[root@localhost ~]# ls
afile  anaconda-ks.cfg  dzqc
```

案例 3-17：将/root 目录下的 afile 文件移动到/home 目录下。

```
[root@localhost ~]# mv afile /home/
[root@localhost ~]# ls
anaconda-ks.cfg  dzqc
[root@localhost ~]# ls /home/
afile  anaconda-ks.cfg  etc
```

8. rm 命令

rm 命令用于删除一个文件或目录，格式如下。

rm [选项] [源文件或目录]

rm 命令常用选项见表 3-8。

表 3-8 rm 命令常用选项

选项	说明
-i	删除前逐一询问、确认
-f	直接删除，无须逐一确认
-r	将目录以及其下的文件全部删除

案例 3-18：删除/home 目录下的 afile 文件。

```
[root@localhost ~]# rm /home/afile
rm: 是否删除普通空文件 "/home/afile"? y
[root@localhost ~]# ls /home/
anaconda-ks.cfg  etc
```

案例 3-19：直接删除/home 目录下的 etc 目录。

```
[root@localhost ~]# rm -rf /home/etc/
[root@localhost ~]# ls /home/
anaconda-ks.cfg
```

3.3.3　文件查看命令

常见的文件查看命令包括 cat、more、head、tail 等，每个命令都有其特定的用途和特点，熟练掌握和选择合适的命令可以提高工作和学习效率。

1. cat 命令

cat 命令用于连接文件并打印到标准输出设备上，格式如下。

```
cat [选项] [源文件]
```

cat 命令常用选项见表 3-9。

表 3-9　cat 命令常用选项

选项	说明
-n	由 1 开始对所有输出的行数编号
-b	和-n 相似，只不过对于空白行不编号

案例 3-20：查看/etc/redhat-release 文件的内容。该文件记录着操作系统的版本号。

```
[root@centos ~]# cat /etc/redhat-release
CentOS Linux release 7.9.2009 (Core)
```

案例 3-21：查看/etc/shells 文件的内容，并显示行号。该文件记录着系统可用的 shell 程序路径。

```
[root@localhost ~]# cat -n /etc/shells
     1 /bin/sh
     2 /bin/bash
     3 /usr/bin/sh
     4 /usr/bin/bash
```

2. more 命令

more 命令用于分页查看文件内容，通过空格键查看下一页，按 b 键就会向上一页显示，按 q 键退出查看，格式如下。

```
more [选项] [源文件]
```

more 命令常用选项见表 3-10。

表 3-10　more 命令常用选项

选项	说明
-num	一次显示的行数
+num	从第 num 行开始显示

案例 3-22： 分页查看/etc/passwd 文件的内容。该文件记录着系统内的用户信息。

```
[root@localhost ~]# more /etc/passwd
root:x:0:0:root:/root:/bin/bash
bin:x:1:1:bin:/bin:/sbin/nologin
daemon:x:2:2:daemon:/sbin:/sbin/nologin
adm:x:3:4:adm:/var/adm:/sbin/nologin
lp:x:4:7:lp:/var/spool/lpd:/sbin/nologin
sync:x:5:0:sync:/sbin:/bin/sync
……剩余部分省略……
```

more 命令中的其他常用操作如下。

(1) Ctrl+F：向下滚动一屏。

(2) Ctrl+B：返回上一屏。

(3) =：输出当前行的行号。

(4) V：调用 vi 编辑器。

3. head 命令

head 命令用于查看文件的开头部分的内容，默认显示 10 行，格式如下。

```
head  [选项]  [源文件]
```

head 命令常用选项见表 3-11。

表 3-11　head 命令常用选项

选项	说明
-v	第一行显示文件名
-c	显示的字节数
-n	显示文件的头部 n 行内容

案例 3-23： 查看/etc/passwd 文件的头部 5 行内容。

```
[root@localhost ~]# head -5 /etc/passwd
root:x:0:0:root:/root:/bin/bash
bin:x:1:1:bin:/bin:/sbin/nologin
daemon:x:2:2:daemon:/sbin:/sbin/nologin
adm:x:3:4:adm:/var/adm:/sbin/nologin
lp:x:4:7:lp:/var/spool/lpd:/sbin/nologin
```

4. tail 命令

tail 命令用于查看文件结尾部分的内容，格式如下。

```
tail  [选项]  [文件名]
```

tail 命令常用选项见表 3-12。

表 3-12　tail 命令常用选项

选项	说明
-f	循环读取
-c	显示的字节数
-n	显示文件的尾部 n 行内容

案例 3-24：显示/etc/passwd 文件的最后 5 行内容。

```
[root@localhost ~]# tail -5 /etc/passwd
dbus:x:81:81:System message bus:/:/sbin/nologin
polkitd:x:999:998:User for polkitd:/:/sbin/nologin
sshd:x:74:74:Privilege-separated SSH:/var/empty/sshd:/sbin/nologin
postfix:x:89:89::/var/spool/postfix:/sbin/nologin
chrony:x:998:996::/var/lib/chrony:/sbin/nologin
```

3.3.4　文件检索命令

文件检索命令包括 find 命令和 grep 命令，分别用于检索文件和检索文件内容。

1. find 命令

find 命令用于在指定目录下检索文件，格式如下。

```
find [路径] [表述]
```

路径是指定搜索范围的目录路径，可以是一个目录，也可以是多个目录。多个目录之间用空格分隔。如果未指定目录，则默认为当前目录。

表述是可选参数，用于指定查找的条件，可以是文件名、文件类型、文件大小等。

find 命令常用选项见表 3-13。

表 3-13　find 命令常用选项

选项	说明
-name	按文件名查找，支持使用通配符 "*" 和 "?"
-type	按文件类型查找，可以是 f(普通文件)、d(目录)、l(符号链接)等
-size	按文件大小查找，支持使用 "+" 或 "-" 表示大于或小于指定大小，单位可以是 c(字节)、w(字数)、k(KB)、M(MB)或 G(GB)
-user	按文件所有者查找

案例 3-25：将/etc 目录下所有后缀为.db 的文件列出来。

```
[root@localhost ~]# find /etc -name "*.db"
/etc/pki/nssdb/cert8.db
/etc/pki/nssdb/cert9.db
/etc/pki/nssdb/key3.db
/etc/pki/nssdb/key4.db
/etc/pki/nssdb/secmod.db
```

```
/etc/openldap/certs/secmod.db
/etc/openldap/certs/cert8.db
/etc/openldap/certs/key3.db
/etc/aliases.db
```

案例 3-26：查找/etc 目录下大于 5MB 的文件。

```
[root@localhost ~]# find /etc -size +5M
/etc/udev/hwdb.bin
```

2. grep 命令

grep 命令用于在指定文件中检索内容，格式如下。

```
grep [选项] 匹配模式 [文件]
```

grep 命令常用选项见表 3-14。

表 3-14　grep 命令常用选项

选项	说明
-i	忽略大小写进行匹配
-v	反向查找，只打印不匹配的行

案例 3-27：在/etc/passwd 文件中查找包含字符串 root 的行。

```
[root@localhost ~]# grep root /etc/passwd
root:x:0:0:root:/root:/bin/bash
operator:x:11:0:operator:/root:/sbin/nologin
```

案例 3-28：在/etc/passwd 文件中查找不包含字符串 sbin 的行。

```
[root@localhost ~]# grep -v sbin /etc/passwd
root:x:0:0:root:/root:/bin/bash
```

3.4 Linux 命令技巧

Linux 中有许多实用的小技巧可以帮助用户提高工作和学习效率。这些小技巧包含 Tab 自动补全、清屏、帮助手册、-help 选项等。

3.4.1 Tab 自动补全

Tab 自动补全功能可以自动完成文件名、目录名、命令名的补全，甚至支持部分参数的补全。当用户输入文件名、目录名、命令名的时候，先输入几个首字母，然后按下 Tab 键即可启用自动补全功能。

案例 3-29：使用 Tab 自动补全功能输入 whoami 命令。

首先输入 whoa，然后按下 Tab 键即可补全命令 whoami。

```
[root@localhost ~]# whoa<Tab>
root
```

说明：

以上命令中的<Tab>表示按下 Tab 键。

案例 3-30： 使用 cd 命令切换到/etc 目录。

首先输入 cd 命令的部分参数/e，然后按下 Tab 键补全路径/etc。

```
[root@localhost ~]# cd /e<Tab>
```

注意：

当按下 Tab 键没有反应时，说明 Tab 自动补全的结果可能有多个。这时，连按两下 Tab 键即可列出所有补全结果。然后继续输入字母，直到补全结果唯一的时候，按下 Tab 键即可自动补全。

另外，使用历史命令也是提高工作效率的一个小技巧。用户使用方向键中的上下键可以在历史命令中快速回调已经输入过的命令。这不仅可以节省时间和精力，还能避免重复输入相同的命令。

3.4.2　清屏

清屏可以让终端显示内容向后翻一页，把命令提示符置顶，给用户一个干净清爽的界面。实现清屏的方式有以下两种。

(1) 命令：clear。

(2) 快捷键：Ctrl + L。

清屏操作只是滚动了屏幕，清屏前的界面仍然可以通过鼠标滚轮来滚动屏幕查看。

3.4.3　帮助手册

在 Linux 中使用命令时，经常会遇到以下问题。

(1) 遇到一个新的命令时，用户不知道该命令有哪些选项和参数以及各个选项和参数是干什么的。

(2) 凭借人类有限的记忆，记不住所有的命令及选项。即使是常见的命令及选项，过一段时间不用也容易忘记。

为此，Linux 为用户提供了一个 man 命令，帮用户学习陌生的命令。man 命令可以实时查询陌生命令的帮助文档，让用户了解有关命令的所有选项和参数的用法说明。

案例 3-31： 查询 pwd 命令的帮助文档。

```
[root@localhost ~]# man pwd
```

其执行结果如图 3-5 所示。

每一个帮助文档都包含 NAME、SYNOPSIS、DESCRIPTION、OPTIONS 这几个部分，它们的含义如下。

(1) NAME：命令的名称以及简要的介绍。

(2) SYNOPSIS：命令的语法格式。

(3) DESCRIPTION：命令的详细说明。

(4) OPTIONS：命令的各个选项及其说明。

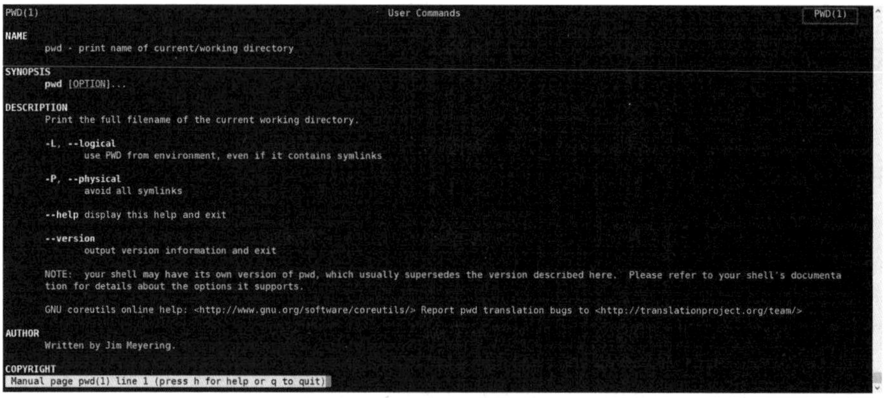

```
PWD(1)                              User Commands                              PWD(1)

NAME
       pwd - print name of current/working directory

SYNOPSIS
       pwd [OPTION]...

DESCRIPTION
       Print the full filename of the current working directory.

       -L, --logical
              use PWD from environment, even if it contains symlinks

       -P, --physical
              avoid all symlinks

       --help display this help and exit

       --version
              output version information and exit

       NOTE:  your shell may have its own version of pwd, which usually supersedes the version described here.  Please refer to your shell's documenta
       tion for details about the options it supports.

       GNU coreutils online help: <http://www.gnu.org/software/coreutils/> Report pwd translation bugs to <http://translationproject.org/team/>

AUTHOR
       Written by Jim Meyering.

COPYRIGHT
 Manual page pwd(1) line 1 (press h for help or q to quit)
```

图 3-5　man pwd 命令的执行结果

除此之外，上图中线框部分的 pwd(1)中的数字表示命令属于第几个 Section。图中表示属于第 1 个 Section。具体的每个 Section 含义见表 3-15。

表 3-15　章节信息

Section	含义描述
1	一般命令
2	系统调用
3	库调用
4	/dev 目录中的设备文件
5	配置文件格式及说明
6	游戏
7	杂项
8	系统管理命令，一般只允许 root 使用
9	内核 API

man 为什么要分成 9 个 Section 呢？这是因为，不同应用场景的命令可能出现重名的情况。如果出现重名，就需要通过 Section 来区分到底是哪一个命令的帮助文档。

3.4.4　-help 选项

除了使用 man 命令查看帮助文档外，还可以使用命令自带的-help 选项来查询帮助信息。-help 选项是查询命令的常用选项和用法的简短摘要。

案例 3-32：查询 mkdir 命令的-help 选项。

```
[root@localhost ~]# mkdir -help
用法：mkdir [选项]... 目录...
Create the DIRECTORY(ies), if they do not already exist.

Mandatory arguments to long options are mandatory for short options too.
  -m, --mode=MODE   set file mode (as in chmod), not a=rwx - umask
  -p, --parents     no error if existing, make parent directories as needed
  -v, --verbose     print a message for each created directory
```

```
    -Z                      set SELinux security context of each created directory
                            to the default type
    --context[=CTX]  like -Z, or if CTX is specified then set the SELinux
                     or SMACK security context to CTX
    --help 显示此帮助信息并退出
    --version 显示版本信息并退出
```

总之，-help 选项是一种了解命令的基本选项和用法的方便快捷的方式。如果想要更详细地说明，还是建议使用 man 命令来获取更完整的帮助信息。

本章总结

(1) 在 Linux 中，程序员通过在命令行界面输入命令来操作 Linux。命令由名称、选项和参数三部分组成。bash 是 Linux 默认的 shell 程序，用来解析输入的命令并提交给内核执行。

(2) 在 Linux 中，文件存储路径可以分为绝对路径和相对路径。绝对路径是从根目录(/)开始的路径，相对路径是从当前目录开始的路径。

(3) 文件的处理命令包括 ls、cd、pwd、touch、mkdir、mv、cp、rm 等。

(4) 文件的查看命令包括 cat、more、head、tail 等。

(5) 文件的检索命令包括 find、grep 等。

(6) 快捷键 Tab 用于命令和路径的自动补全，组合键 Ctrl+L 用于清屏。

(7) man 命令可以查看命令的帮助文档，-help 选项可以查看命令关于选项的帮助信息。

上机练习

上机练习：基础命令练习

1. 技能训练点

文件基础操作命令的使用。

2. 需求说明

(1) 在命令行界面创建一个名为 test 的目录。

(2) 进入 test 目录，并在其中创建一个名为 test.txt 的文本文件。

(3) 查看 test.txt 文本文件的内容。

(4) 将 test.txt 复制到 test2.txt 中。

(5) 将 test2.txt 移动到上级目录，并将其重命名为 test3.txt。

(6) 在当前目录删除 test.txt 文件。

(7) 在命令行界面下查看 ls 命令的帮助文档。

3. 实现思路

使用命令行界面，在当前目录创建 test 目录并进入该目录。在 test 目录创建一个名为 test.txt 的文本文件，并使用 cat 命令查看其内容。将 test.txt 复制到 test2.txt 中，使用 mv 命令将 test2.txt 移动到上级目录并重命名为 test3.txt。在当前目录下使用 rm 命令删除 test.txt 文件，使用 man 命令查看 ls 命令的帮助文档。

巩固练习

一、选择题

1. 在命令行字符界面中，命令提示符最后的符号为"#"表示当前用户的是(   )。

    A. administrator   B. root   C. guest   D. admin

2. (   )是 root 用户的家目录。

    A. /   B. root   C. home   D. ~

3. (   )命令可以查看文件的内容。

    A. cat   B. cp   C. cd   D. touch

4. 在 Linux 中使用(   )创建一个名为 test.txt 的文件。

    A. touch test.txt   B. cat test.txt

    C. rm test.txt   D. mv test.txt

5. 在 Linux 中使用(   )复制一个名为 file1 的文件到名为 dir1 的目录中。

    A. cp file1 dir1/   B. mv file1 dir1/

    C. rm file1 dir1/   D. cp dir1/ file1

二、填空题

1. Linux 的目录结构是以＿＿＿＿＿＿＿目录开始的。

2. 使用＿＿＿＿＿＿＿命令可以将文件移动到指定位置并重命名。

3. 使用 rm 命令时，通过＿＿＿＿＿＿＿选项可以将目录和其中的内容强制删除。

4. 在 Linux 中，使用＿＿＿＿＿＿＿键可以补全命令或者路径。

5. 使用＿＿＿＿＿＿＿命令可以查看命令的详细帮助文档。

三、简答题

1. 命令提示符由哪些部分组成？

2. 简述绝对路径和相对路径的区别。

3. 列举常见的文件处理命令及其作用。

文件编辑　第**4**章

在 Linux 中，编辑文件内容是常用的操作之一，尤其是在安装或使用软件的过程中，经常需要编辑它们的配置文件，以满足用户的特殊需求。本章将介绍两种简单、方便的文件操作，分别是 echo 重定向和 vi 编辑软件。

学习目标

1. 学会使用 echo 命令输出文本内容。
2. 掌握重定向操作的基本概念和使用方法。
3. 掌握 vi 编辑器的基本使用方法，包括打开、编辑、保存和退出文件等操作。
4. 掌握 vi 编辑器的快捷操作按键以及常见的高级特性。

4.1 echo 命令和重定向

echo 重定向命令其实是两个命令：echo 和重定向。echo 命令用于在屏幕上输出字符串，而重定向则用于修改命令输出内容的存放位置。

4.1.1 echo 命令

echo 命令的用法非常简单，只需在 echo 命令后面跟上要输出的文本即可，格式如下。

```
echo ［字符串]
```

案例 4-1： 使用 echo 命令输出字符串内容。

```
[root@localhost ~]# echo 123456
123456
[root@localhost ~]# echo hello world
hello world
[root@localhost ~]# echo "www.baidu.com"
www.baidu.com
```

在 echo 命令中，单引号和双引号都可以用来引用要输出的字符串。它们的区别在于，单引号中的内容将被完全保留，不会对其中的特殊字符进行替换；而双引号中的内容则会进行变量替换和转义字符替换。

案例 4-2： 单引号和双引号的区别。

(1) 定义变量 name=linux。

```
[root@localhost ~]# name=linux
```

(2) 使用单引号输出 name 变量。

```
[root@localhost ~]# echo 'I want to study $name'
I want to study $name
```

(3) 使用双引号输出 name 变量。

```
[root@localhost ~]# echo "I want to study $name"
I want to study linux
```

注意：
使用单引号时，输出的是$name 字符串，而是用双引号时，$name 被替换成了 name 变量的值 linux。

4.1.2 重定向

Linux 中的重定向是一种修改默认行为的方式，用于改变系统命令的输出方式。它允许将命令的输出重定向到文件而不是在显示器上显示。例如，用户可以将命令的输出结果保存到文件中，以便后续使用或分析，而不必在终端上实时查看输出。

重定向命令的格式如下。

```
command   [重定向符号]   [文件路径]
```

重定向符号有 ">" 和 ">>" 两种，它们的区别如下。

(1) >：如果目标文件已经存在，新的输出将会覆盖文件中原有的内容。这意味着旧的文件内容会被新的输出所替代。

(2) >>：如果目标文件已经存在，新的输出将会在目标文件原有内容之后追加。这意味着旧的文件内容仍然保留。

案例 4-3：使用 echo 重定向覆盖 1.txt 文件中的内容。

```
[root@localhost ~]# echo 123 > 1.txt
[root@localhost ~]# echo 456 > 1.txt
[root@localhost ~]# cat 1.txt
456
```

案例 4-4：使用 echo 重定向 2.txt 文件中的追加内容。

```
[root@localhost ~]# echo abc >> 2.txt
[root@localhost ~]# echo efg >> 2.txt
[root@localhost ~]# cat 2.txt
abc
efg
```

由此可见，当需要覆盖文件内容时，使用 ">" 符号。如果需要在文件末尾追加内容，则使用 ">>" 符号。

案例 4-5：修改主机名为 centos。

(1) 使用 hostname 命令查看当前的主机名。

```
[root@localhost ~]# hostname
localhost.localdomain
```

(2) 查看主机名的配置文件/etc/hostname 的内容。

```
[root@localhost ~]# cat /etc/hostname
localhost.localdomain
```

(3) 覆盖/etc/hostname 文件的内容为新的主机名 centos。

```
[root@localhost ~]# echo centos > /etc/hostname
[root@localhost ~]# cat /etc/hostname
centos
```

(4) 重启服务器。

```
[root@localhost ~]# reboot
```

(5) 等待重启完毕后，重新远程登录后查看主机名。

```
[root@centos ~]# hostname
centos
```

注意：

不仅是 hostname 输出的内容变了，命令提示符中的主机名也由 localhost 更改为 centos。

案例 4-6： 在/etc/hosts 文件中增加主机名和 IP 地址的映射关系。

(1) 查看/ect/hosts 文件内容。

```
[root@centos ~]# cat /etc/hosts
127.0.0.1    localhost localhost.localdomain localhost4 localhost4.localdomain4
::1          localhost localhost.localdomain localhost6 localhost6.localdomain6
```

(2) 向/etc/hosts 文件追加主机名和 IP 地址。

```
[root@centos ~]# echo 192.168.114.146 centos >> /etc/hosts
[root@centos ~]# cat /etc/hosts
127.0.0.1    localhost localhost.localdomain localhost4 localhost4.localdomain4
::1          localhost localhost.localdomain localhost6 localhost6.localdomain6
192.168.114.146 centos
```

(3) 验证配置是否成功。

```
[root@centos ~]# ping centos
PING centos (192.168.114.146) 56(84) bytes of data
64 bytes from centos (192.168.114.146): icmp_seq=1 ttl=64 time=0.142 ms
64 bytes from centos (192.168.114.146): icmp_seq=2 ttl=64 time=0.089 ms
```

注意：
(1) IP 地址需要填写用户自己的 IP。
(2) ping 命令需要使用 Ctrl + C 组合键手动终止执行。

4.2 vi 编辑器

vi 编辑器是一款强大而受欢迎的文本编辑器，由 Bill Joy 于 1976 年开发。vi 编辑器的设计目标是为 UNIX 系统提供一种高效的文本编辑工具。目前，vi 编辑器已被内置于 Linux 操作系统中，其独特的模式切换和键盘导航方式使得文件编辑过程更加流畅和高效。无论是编写代码、编辑配置文件还是撰写文档，无论是新手还是资深用户，都可以通过学习和掌握 vi 编辑器的技巧在 Linux 上获得更好的编辑体验和编辑效率的提升。

4.2.1 vi 编辑器的工作模式

vi 编辑器共有三种工作模式，分别是命令模式、插入模式和末行模式。其中，命令模式用于执行各种移动光标和快捷编辑操作，插入模式用于编辑文本内容，末行模式用于输入命令和保存退出等操作。

各个模式之间的切换遵循如下规则，如图 4-1 所示。

(1) 通过 vi finame 命令启动 vi 程序后自动进入命令模式。

(2) 在命令模式下输入 i、o、a 等可以切换到插入模式。

(3) 在命令模式下输入 ":" 可以切换到末行模式。

(4) 在插入模式下按下 Esc 键即可退回到命令模式。

(5) 在末行模式下按下 Enter 键即可退回到命令模式。

(6) 在末行模式下输入 wq 命令即可保存退出 vi 程序。

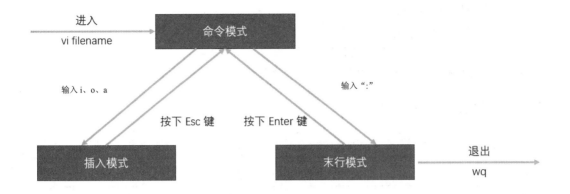

图 4-1 vi 编辑器模式切换示意图

由此可见，命令模式可以切换到插入模式和末行模式，插入模式和末行模式也可以退回到命令模式。但是，插入模式和末行模式之间不能直接切换。

4.2.2 vi 编辑器的光标操作

vi 编辑器中最简单的移动光标的方式是使用方向键(上、下、左、右)操作，但这种方式的效率低下，更高效的方式是使用快捷键，常用的快捷键见表 4-1。所有的快捷键均在命令模式下直接使用。

表 4-1 移动光标常用快捷键

操作快捷键	说明
h	光标向左移动一位
j	光标向下移动一行(以回车为换行符)
k	光标向上移动一行
l	光标向右移动一位
gg	移动光标至文件首行
G	移动光标至文件末行
nG	移动光标至第 n 行(n 为数字，如 n 为 10 时表示 10 行)
^	光标移至当前行的首字符
$	光标移至当前行的尾字符
w	光标向右移动一个单词
nw	光标向右移动 n 个单词(n 为数字)
b	光标向左移动一个单词
nb	光标向左移动 n 个单词(n 为数字)

案例 4-7：使用快捷键移动光标。

(1) 使用 vi 编辑器编辑~目录下的 anaconda-ks.cfg 文件。

```
[root@centos ~]# vi ~/anaconda-ks.cfg
```

(2) 使用快捷键 h，j，k，l 移动光标。

(3) 使用快捷键 G 移动光标到文件末行。

(4) 使用快捷键 gg 移动光标到文件行首。

(5) 使用快捷键 $ 移动光标到行尾。

4.2.3 vi 编辑器的编辑操作

在 vi 编辑器中，插入模式用来编辑内容。从命令模式进入插入模式的方法可以参考表 4-2。

表 4-2　进入插入模式

操作快捷键	说明
a	进入命令模式，后续输入的内容将插至当前光标的后面
A	进入命令模式，后续输入的内容将插至当前段落的段尾
i	进入命令模式，后续输入的内容将插至当前光标的前面
I	进入命令模式，后续输入的内容将插至当前段落的段首
o	进入命令模式并在当前行的后面创建新的空白行
O	进入命令模式并在当前行的前面创建新的空白行

案例 4-8：在第一行行首增加 Hello 这一单词。

在案例 4-7 的基础上进行操作。

(1) 按下 I 快捷键。

(2) 输入 Hello，如图 4-2 所示。

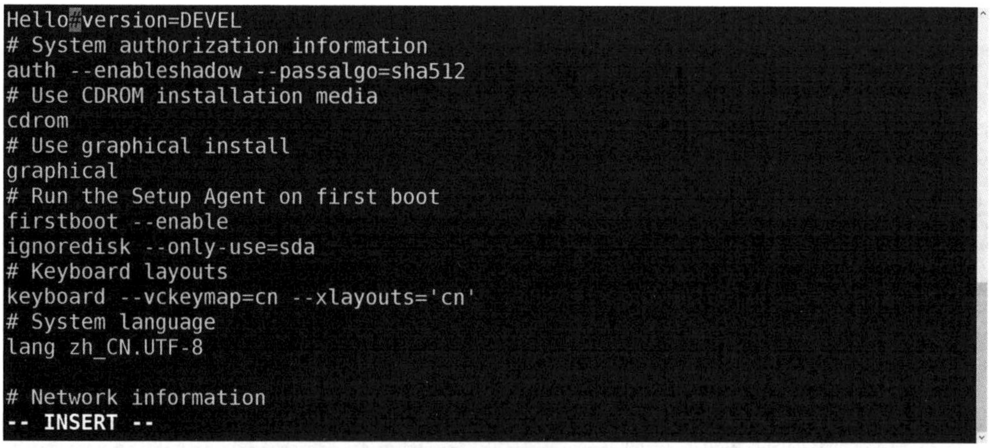

```
Hello#version=DEVEL
# System authorization information
auth --enableshadow --passalgo=sha512
# Use CDROM installation media
cdrom
# Use graphical install
graphical
# Run the Setup Agent on first boot
firstboot --enable
ignoredisk --only-use=sda
# Keyboard layouts
keyboard --vckeymap=cn --xlayouts='cn'
# System language
lang zh_CN.UTF-8

# Network information
-- INSERT --
```

图 4-2　在行首增加 Hello

注意：

左下角的 -- INSERT -- 表示当前处于插入模式。

(3) 按下 Esc 快捷键退回到命令模式。

注意：

回到命令模式后，左下角的 -- INSERT -- 就消失了。

在命令模式下，vi 编辑器提供了一系列快捷键，用于快速编辑文本。其命令模式的快捷键功能描述见表 4-3。

表 4-3　命令模式的快捷键

操作快捷键	说明
x	删除光标当前字符
dd	删除一行
ndd	删除 n 行(n 为数字)
d$	删除光标至行尾的内容
J	删除替换行符，将两行合并为一行
u	撤销上一步操作，可以多次使用，如输入两个 u，表示撤销两步操作
rx	将光标当前字符替换为 x(x 为任何键盘单个输入)
yy	复制当前行
p	粘贴至光标行之后
P	粘贴至光标行之前

案例 4-9：删除第一行，删除最后一行，撤销上一步操作。

在案例 4-8 的基础上进行操作。

(1) 使用快捷键 dd 删除光标所在的第一行。

(2) 使用快捷键 G 移动光标到文件末行。

(3) 使用快捷键 dd 删除光标所在的最后一行。

(4) 使用快捷键 u 撤销删除最后一行的操作。

4.2.4　vi 编辑器的查找操作

在 vi 编辑器的命令模式下可以使用 "/" 加关键词的方式实现自上而下的查找功能。例如，输入/host 会从当前光标位置向下查找并显示匹配的关键词。如果文件中有多个匹配的关键词，可以使用快捷键 n 跳转到下一个匹配处，而快捷键 N 则会跳转到上一个匹配处。

案例 4-10：查找 end 关键词。

在案例 4-9 的基础上进行操作。

(1) 输入/end，然后按下 Enter 键，会自动跳转到当前光标下的第一个 end 处。

(2) 按下快捷键 n 键，跳转到下一个 end 处。

(3) 按下快捷键 N 键，跳转到上一个 end 处。

另外，在普通模式下输入 "?" 加关键词，可以实现自下而上的查找功能。例如，输入?end 会从当前文档的光标位置向上查找并显示匹配的关键词。在这种情况下，快捷键 n 表示查看上一个匹配，而快捷键 N 表示查看下一个匹配。

查找功能可以帮助用户在长文档中快速定位所需内容，并且通过快捷键的使用轻松地在匹配的关键词之间进行切换，提高浏览和编辑的效率。

4.2.5　vi 编辑器的保存与退出操作

在 vi 编辑器的末行模式下输入特定的指令可以实现保存和退出功能，其常用指令见表 4-4。

表4-4　保存与退出功能的常用指令

指令	功能描述
q!	不保存并退出
wq	保存并退出
x	保存并退出
w	保存
w b.txt	另存为 b.txt

案例4-11：保存修改，并另存为3.txt文件。

在案例4-10的基础上进行操作。

(1) 输入 ":" 进入末行模式。

(2) 输入 w 3.txt，如图4-3所示。

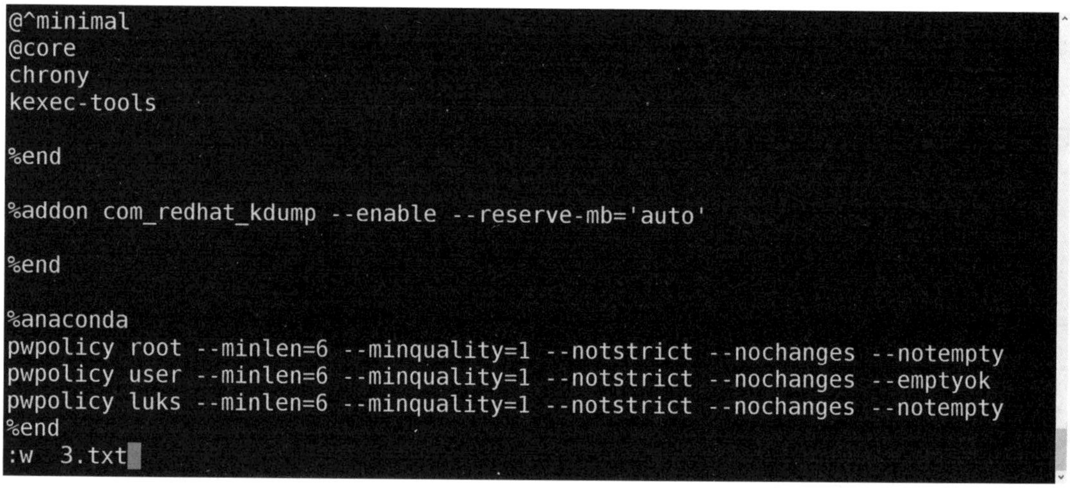

```
@^minimal
@core
chrony
kexec-tools

%end

%addon com_redhat_kdump --enable --reserve-mb='auto'

%end

%anaconda
pwpolicy root --minlen=6 --minquality=1 --notstrict --nochanges --notempty
pwpolicy user --minlen=6 --minquality=1 --notstrict --nochanges --emptyok
pwpolicy luks --minlen=6 --minquality=1 --notstrict --nochanges --notempty
%end
:w  3.txt
```

图4-3　另存为3.txt的指令

注意：

最后一行的 ":" 表示当前处于末行模式。

(3) 按下Enter快捷键后执行指令，另存为3.txt文件，并退出vi编辑器。

```
[root@centos ~]# ls
1.txt  2.txt  3.txt  anaconda-ks.cfg  dzqc
[root@centos ~]# cat 3.txt
#version=DEVEL
# System authorization information
auth --enableshadow --passalgo=sha512
# Use CDROM installation media
……省略剩余内容……
```

通过熟练掌握末行模式的常用指令，用户可以在vi编辑器中高效地保存和退出文件，确保对编辑内容的修改能够得到正确处理。

4.2.6　vi 编辑器的其他常用操作

末行模式还有一些小技巧可以帮助用户更加高效地编辑文本。一些常用指令的操作技巧见表 4-5。

表 4-5　操作技巧

指令	说明
set number	设置行号
set autoindent	自动对齐
set smartindent	智能对齐
set showmatch	括号匹配
set tabstop=4	使用 Tab 快捷键时为 4 个空格
set mouse=a	鼠标支持
set cindent	使用 C 语言格式对齐

案例 4-12：打开 3.txt 文件，显示行号，并跳转到第 25 行。

(1) 打开 3.txt 文件。

```
[root@centos ~]# vi 3.txt
```

(2) 显示行号。

```
:set number
```

(3) 跳转到第 25 行，如图 4-4 所示。

```
:25
```

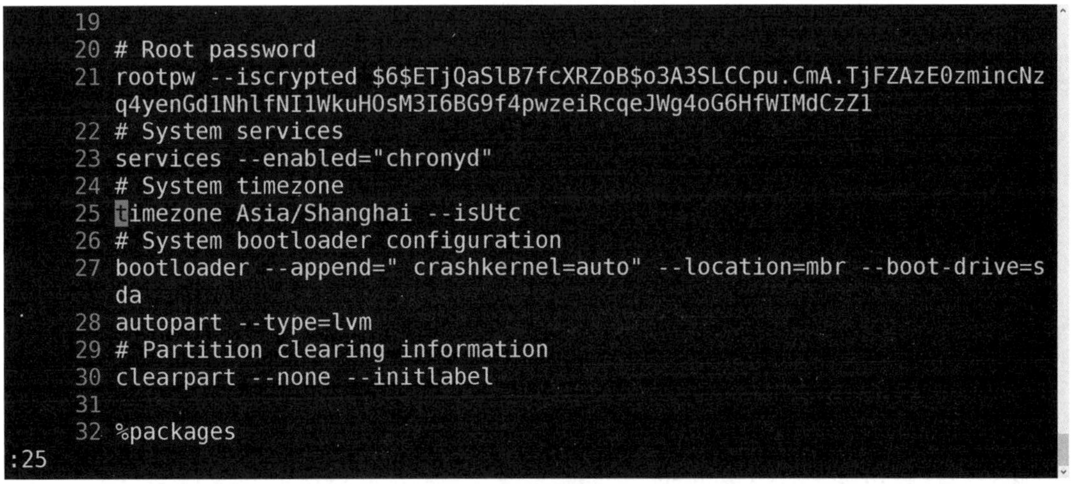

```
 19
 20 # Root password
 21 rootpw --iscrypted $6$ETjQaSlB7fcXRZoB$o3A3SLCCpu.CmA.TjFZAzE0zmincNz
    q4yenGd1NhlfNI1WkuHOsM3I6BG9f4pwzeiRcqeJWg4oG6HfWIMdCzZl
 22 # System services
 23 services --enabled="chronyd"
 24 # System timezone
 25 timezone Asia/Shanghai --isUtc
 26 # System bootloader configuration
 27 bootloader --append=" crashkernel=auto" --location=mbr --boot-drive=s
    da
 28 autopart --type=lvm
 29 # Partition clearing information
 30 clearpart --none --initlabel
 31
 32 %packages
:25
```

图 4-4　跳转到第 25 行

4.3 配置静态 IP

CentOS 7 默认情况下是采用动态主机配置协议(DHCP)的方式获取 IP 地址的，这就意味着 IP 地址并不固定，可能某次重启服务器后 IP 地址就变了，就无法远程登录了。因此，用户需要把 IP 获取方式从 DHCP 更改为静态 IP，把 IP 地址固定下来，让它不再变化，实现步骤如下。

(1) 查看网络配置文件。

```
[root@centos ~]# cat /etc/sysconfig/network-scripts/ifcfg-ens33
```

注意：

多使用 Tab 快捷键进行自动补全。

(2) 编辑网络配置文件。

```
[root@centos ~]# vi /etc/sysconfig/network-scripts/ifcfg-ens33
```

(3) 修改后的网络配置文件内容如下。

```
TYPE="Ethernet"
PROXY_METHOD="none"
BROWSER_ONLY="no"
BOOTPROTO="static"
DEFROUTE="yes"
IPv4_FAILURE_FATAL="no"
IPv6INIT="yes"
IPv6_AUTOCONF="yes"
IPv6_DEFROUTE="yes"
IPv6_FAILURE_FATAL="no"
IPv6_ADDR_GEN_MODE="stable-privacy"
NAME="ens33"
UUID="d0d84d6a-e456-4800-a917-83577a12e1b9"
DEVICE="ens33"
ONBOOT="yes"
IPADDR=192.168.114.146
NETMASK=255.255.255.0
GATEWAY=192.168.114.2
DNS1=114.114.114.114
```

注意：

(1) 修改第 5 行的 dhcp 为 static。

(2) 在文件最后增加 4 行关于 IPADDR、NETMASK、GATEWAY、DNS1 的配置。其中，IPADDR 需要改成用户的虚拟机 IP，GATEWAY 的前 3 个数字和用户的 IP 前 3 个数字保持一致，NETMASK 和 DNS1 与本书保持一致即可。

(4) 按下 Esc 快捷键回到命令模式。

(5) 输入 "："进入末行模式，使用指令保存修改并退出 vi 编辑器。

```
:wq
```

(6) 重启网络服务，使配置生效。

```
[root@centos ~]# systemctl restart network
```

注意：

如果没有任何输出，就说明配置文件正确，一切正常。否则，应检查网络配置文件，查看是哪里修改有误。

本章总结

(1) echo 命令用于在屏幕上输出字符串。

(2) 重定向命令用于修改命令输出内容的存放位置，有覆盖(>)和追加(>>)两种。

(3) vi 编辑器共有三种工作模式，分别是命令模式、插入模式和末行模式。命令模式可以切换到插入模式和末行模式，插入模式和末行模式也可以退回到命令模式。但是，插入模式和末行模式之间不能直接切换。

(4) 在 vi 编辑器的末行模式下输入特定的指令可以实现保存和退出功能，常用的指令有 q、wq 和 q!等。

上机练习

上机练习一：配置命令提示符

1. 技能训练点

(1) echo 命令的使用。

(2) 命令提示符的配置。

(3) .bashrc 文件。

2. 需求说明

命令提示符是操作 Linux 时最常见的提示符，为用户提供了许多有用的信息。现在希望修改命令提示符的外观和内容，使其提供更有用的信息，更加个性化和易于识别。

3. 实现步骤

(1) 了解命令提示符的配置信息。

PS1 环境变量存储着命令提示符的配置信息，使用 echo 命令，可以查看其内容。

```
[root@centos ~]# echo $PS1
[\u@\h \W]\$
```

每个标识符的含义如下。

① \d：#代表日期，格式为 weekday month date，如 Mon Aug 1。

② \H：#完整的主机名称。

③ \h：#仅取主机的第一个名字。

④ \t：#显示时间为 24 小时格式：HH：MM：SS。

⑤ \T：#显示时间为 12 小时格式。

⑥ \A：#显示时间为 24 小时格式：HH：MM。

⑦ \u：#当前用户的账号名称。

⑧ \v：#BASH 的版本信息。

⑨ \w：#完整的工作目录名称。

⑩ \W：#利用 basename 取得工作目录名称，所以只会列出最后一个目录。

⑪ \#：#下达的第几个命令。

⑫ \\$：#提示字符，如果是 root，提示符为"#"，普通用户则为"\$"。

(2) 增加以 24 小时格式显示时间，显示完成的工作目录。

新的命令提示符格式配置字符串如下所示。

```
[\u@\h \t \w]\$
```

① 使用 echo 命令配合重定向把新的命令提示符配置写到~/.bashrc 文件中。

```
[root@centos ~]# echo 'PS1="[\u@\h \t \w]\$"' >> .bashrc
```

② 使用 tail 命令查看.bashrc 文件的最后一行。

```
[root@centos ~]# tail -1 .bashrc
PS1="[\u@\h \t \w]\$"
```

③ 刷新.bashrc 文件，使修改生效。

```
[root@centos ~]# source .bashrc
[root@centos 07:48:30 ~]$
```

可以看到，命令提示符已经发生了变化，当前时间已经显示出来。

④ 切换到/usr/local 目录。

```
[root@centos 07:48:30 ~]$cd /usr/local/
[root@centos 07:49:25 /usr/local]$
```

可以看到，命令提示符中已显示当前目录的绝对路径。

在 CentOS 系统中，每个用户都拥有自己的.bashrc 文件，用于自定义和配置 bash 的行为和环境。.bashrc 文件中包含了一些 bash 的设置和命令，它会在用户登录时被执行。通过编辑和修改.bashrc 文件，用户可以定义别名、环境变量、命令别名、函数以及其他与 shell 环境相关的设置。

上机练习二：为命令创建别名

1. 技能训练点

(1) vi 命令的使用。

(2) 命令别名的配置。

2. 需求说明

在 CentOS 中用户可以将一个长而复杂的命令或一系列命令定义为一个简短的别名。当用户输入该别名时，实际执行的是与别名关联的命令序列，如 ll 命令就是 ls -l 命令的别名。现在需要为 ls -a 命令也增加一个 la 的别名。

3. 实现步骤

(1) 查看别名的配置文件。

```
[root@centos ~]# cat .bashrc
……省略不重要的内容……
alias rm='rm -i'
alias cp='cp -i'
alias mv='mv -i'
……省略不重要的内容……
```

可以看出，别名的配置格式为：alias 别名"命令"。

(2) 编辑该文件，为 ls -a 命令增加 la 别名，如图 4-5 所示。

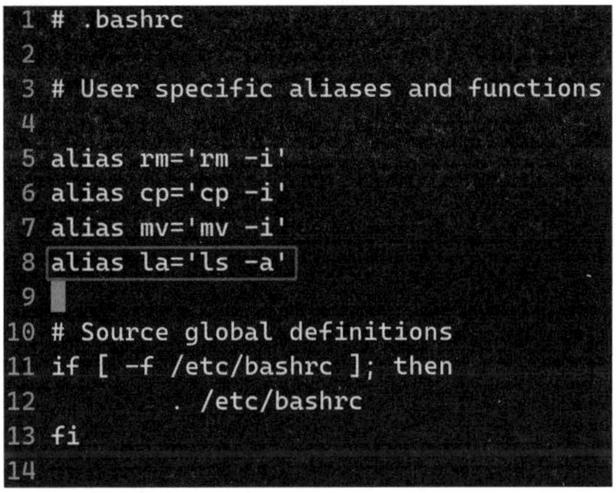

```
 1 # .bashrc
 2
 3 # User specific aliases and functions
 4
 5 alias rm='rm -i'
 6 alias cp='cp -i'
 7 alias mv='mv -i'
 8 alias la='ls -a'
 9
10 # Source global definitions
11 if [ -f /etc/bashrc ]; then
12        . /etc/bashrc
13 fi
14
```

图 4-5　配置 la 别名

(3) 刷新 .bashrc 文件，使修改生效。

```
[root@centos ~]# source .bashrc
```

(4) 使用 la 命令查看当前目录下的所有文件。

```
[root@centos ~]# la
.   anaconda-ks.cfg  .bash_logout   .bashrc  .tcshrc
..  .bash_history    .bash_profile  .cshrc
```

可以看到，隐藏文件也显示出来了，说明 la 确实代替了 ls -a 命令。

巩固练习

一、填空题

1. 在命令模式下，要删除一个字符可以按下＿＿＿＿＿＿＿＿＿＿快捷键。
2. 在命令模式下，要复制一段文本可以按下＿＿＿＿＿＿＿＿＿＿快捷键。
3. 在命令模式下，要粘贴文本可以按下＿＿＿＿＿＿＿＿快捷键。
4. 在末行模式下，要保存当前编辑的文件可以输入＿＿＿＿＿＿＿＿指令。
5. 在末行模式下，要不保存退出 vi 编辑器可以输入＿＿＿＿＿＿＿＿指令。

二、简答题

1. 简述重定向操作符"＞"和"＞＞"的区别。

2. vi 编辑器中有哪些模式？它们之间如何进行切换？

3. 在 vi 编辑器中，与保存和退出相关的指令有哪些？

软件管理 第**5**章

软件管理在 Linux 运维中扮演着至关重要的角色，它涉及软件的安装、更新、配置和升级，确保系统的稳定性和安全性。通过合理的软件管理，程序员能够准确掌握系统中安装的软件包，管理软件的依赖关系，及时修复漏洞，解决安全问题。因此，软件管理是 Linux 运维工作中不可或缺的一部分。本章主要介绍 Linux 软件管理的相关内容。

学习目标

1. 掌握 RMP，YUM 和 TAR 软件包的安装和管理方式。
2. 掌握 WordPress 博客系统的安装和配置。

5.1 软件管理简介

软件管理是指在计算机系统中对软件进行安装、组织、更新、升级和卸载等操作的过程。它涉及软件包的管理、依赖关系的处理、版本控制、安全性管理以及系统配置等。

5.1.1 软件和软件包

软件和软件包是两个相关但不同的概念。软件是指计算机程序,它是根据特定的需求和功能开发的,用于执行特定的任务或提供特定的功能。软件包是将软件及其相关组件打包成一个整体的文件集合,是为了方便软件的安装、升级和管理而创建的。软件包通常包含软件的二进制文件、库文件、配置文件、帮助文档和其他资源文件以及必要的安装脚本和与其他软件的依赖关系的信息。软件包的存在使得软件的部署和管理更加方便和可控。尤其是软件包中对软件依赖关系的管理,使得软件包成为软件分发和管理的重要方式之一。

5.1.2 依赖关系

软件的依赖关系是指软件在运行时所依赖的其他软件、库文件或资源。依赖关系可以分为运行时依赖和构建时依赖两类。运行时依赖是指软件在运行时需要其他软件、库文件或资源的支持。这些依赖项提供了软件正常运行所需的功能和支持。运行时依赖关系确保了软件在安装和运行时能够访问所需的资源,如特定版本的库文件、配置文件、操作系统功能等。构建时依赖是指软件在编译和构建过程中需要其他软件、库文件或工具的支持。这些依赖项用于构建软件的可执行文件、库文件和其他必要的组件。构建时依赖关系确保了软件在编译和构建过程中能够访问所需的工具链、开发库和其他与构建相关的资源。

依赖关系的管理对于软件的安装、升级和运行非常重要。常见的软件包管理工具都可以自动处理依赖关系,确保在安装或升级软件时,所有依赖项都得到满足。以下是依赖关系管理的几个重要方面。

(1) 依赖关系解析。软件包管理工具能够自动解析软件包的依赖关系,确定所需的其他软件包和库文件。分析软件包的依赖关系可以确定安装或升级软件所需的其他组件。

(2) 依赖关系满足。软件包管理工具会自动检查系统中是否已经安装了所需的依赖项。如果依赖项已经存在,则会满足软件的依赖关系;如果依赖项不存在或版本不兼容,则会提示或自动下载并安装所需的依赖项。

(3) 依赖关系冲突解决。在安装或升级软件时,可能会出现依赖关系冲突的情况,即不同软件需要同一个依赖项的不同版本。软件包管理工具会尝试解决冲突,并提供解决方案,如升级依赖项或尝试其他兼容版本。

(4) 依赖关系更新。随着时间的推移,依赖关系可能会发生变化,新的版本可能会引入新的依赖项或要求不同的依赖版本。软件包管理工具能够自动更新依赖关系,确保软件的依赖项与系统环境的变化保持一致。

有效管理依赖关系,可以确保软件的正确安装和运行,避免因缺失依赖项或不兼容依赖项而导致错误和故障。同时,依赖关系的管理也有助于减少软件的冗余和重复,提高系统的效率和资源利用率。共享和重用依赖项,可以减少软件的体积和安装时间,简化软件的维护和升级过程。

5.1.3　其他

软件管理也需要进行版本控制，以跟踪和管理软件的不同版本，并确保系统中安装的软件处于最新和稳定的状态。软件管理涉及软件的安全性管理，包括漏洞修复、安全补丁的应用等。另外，软件管理还包括系统配置方面的工作，如调整软件的参数、配置文件的管理等，以满足特定的需求和要求。总之，软件管理涉及的任务包括以下几方面。

(1) 软件包管理：选择适当的软件包，安装、升级和卸载软件包。

(2) 依赖关系管理：解决软件之间的依赖关系，确保所需的依赖软件包的正确安装和配置。

(3) 版本控制：管理软件包的版本，确保系统中使用的软件版本与需求匹配并进行必要的升级和更新。

(4) 安全性管理：监控和修复软件漏洞，确保系统中的软件包得到及时安全的更新。

(5) 系统配置：调整和配置软件的参数和选项，以满足用户的特定需求和系统的性能要求。

(6) 日志和记录：记录软件安装、升级和配置的相关信息，便于系统维护和故障排查。

5.2　CentOS 7 中的用户软件管理方式

CentOS 7 提供了多种软件管理工具，其中比较常见的有 rpm、yum、tar 命令安装和源代码编译安装等。

5.2.1　rpm 包管理工具的使用

rpm 是一种在 Red Hat 家族中被广泛使用的软件包管理工具，具备软件包的安装、升级、卸载和查询安装信息等功能。它的格式如下。

```
rpm  [选项]  [软件包名称]
```

rpm 命令的选项有很多，经常组合在一起使用。rpm 命令常用选项组合见表 5-1。

表 5-1　rpm 命令常用选项组合

选项	说明
-ivh	安装软件并显示安装进度和详细信息
-Uvh	升级软件并显示升级进度和详细信息
-e	卸载软件
-q	查询软件是否安装
-qa	查询所有安装过的软件及软件包的名称
-qi	查询软件包的详细信息
-ql	查询软件的安装位置
-qR	查询软包的依赖项

案例 5-1：查询已安装的所有软件包的名称。

```
[root@centos ~]# rpm -qa
grub2-2.02-0.86.el7.centos.x86_64
```

```
grub2-common-2.02-0.86.el7.centos.noarch
openssh-server-7.4p1-21.el7.x86_64
setup-2.8.71-11.el7.noarch
NetworkManager-tui-1.18.8-1.el7.x86_64
……省略多余的内容……
```

注意：

rpm 软件包的命名格式由 Name、Version、Release、Architecture 四部分组成。例如，软件包 bash-4.2.46-34.el7.x86_64.rpm 的各个组成项含义如下。

(1) bash：Name，软件的名称。

(2) 4.2.46：Version，软件的版本号。

(3) 34.el7：Release，软件发布了 34 次，支持 CentOS 7 操作系统。

(4) x86_64：Architecture，软件支持 x86_64 硬件架构。

案例 5-2： 查询是否安装了 gcc 软件包。

```
[root@centos ~]# rpm -q gcc
未安装软件包 gcc
```

案例 5-3： 查询是否安装了 bash 软件。

```
[root@centos ~]# rpm -q bash
bash-4.2.46-34.el7.x86_64
```

案例 5-4： 查询 bash 软件的详细信息。

```
[root@centos ~]# rpm -qi bash
Name        : bash
Version     : 4.2.46
Release     : 34.el7
Architecture: x86_64
……省略多余的内容……
```

案例 5-5： 查询 bash 软件的安装位置。

```
[root@centos ~]# rpm -ql bash
/etc/skel/.bash_logout
/etc/skel/.bash_profile
/etc/skel/.bashrc
/usr/bin/alias
……省略多余的内容……
```

案例 5-6： 查询 bash 软件的依赖项。

```
[root@centos ~]# rpm -qR bash
/bin/sh
config(bash) = 4.2.46-34.el7
libc.so.6()(64bit)
libc.so.6(GLIBC_2.11)(64bit)
libc.so.6(GLIBC_2.14)(64bit)
……省略多余的内容……
```

案例 5-7：安装 gcc 软件包。

gcc 是由 GNU 开发的 C、C++语言编译器，是许多非系统软件的依赖软件。

（1）在阿里云的 centos 镜像下载页搜索 compat-gcc-44-4.4.7-8.el7.x86_64.rpm 软件并下载。阿里云的 centos 镜像下载页网址如下：

```
https://mirrors.aliyun.com/centos/7.9.2009/os/x86_64/Packages/
```

（2）在 Xshell 中单击"Xftp"按钮，打开 Xftp 软件，如图 5-1 所示。

图 5-1 打开 Xftp 软件

（3）使用 Xftp 软件上传，将下载好的 rpm 格式的 gcc 软件包上传到 Linux 的/root 目录，如图 5-2 所示。在右表设置好 Linux 的目录为/root，在左边找到本地下载的 compat-gcc-44-4.4.7-8.el7.x86_64.rpm 软件包。然后右击软件包，在弹出的菜单中选择"传输"选项，即可把软件包上传到 Linux 的/root 目录中。

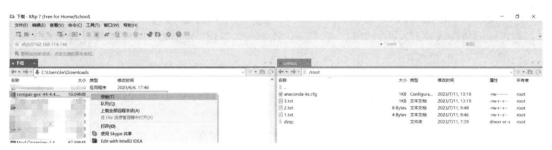

图 5-2 使用 Xftp 软件上传 gcc 软件包

（4）查看是否上传成功。

```
[root@centos ~]# ls
1.txt  3.txt            compat-gcc-44-4.4.7-8.el7.x86_64.rpm
2.txt  anaconda-ks.cfg  dzqc
```

（5）安装 gcc 软件包。

```
[root@centos ~]# rpm -ivh compat-gcc-44-4.4.7-8.el7.x86_64.rpm
警告: compat-gcc-44-4.4.7-8.el7.x86_64.rpm: 头 V3 RSA/SHA256 Signature, 密钥 ID
f4a80eb5: NOKEY
错误: 依赖检测失败:
  glibc-devel >= 2.2.90-12 被 compat-gcc-44-4.4.7-8.el7.x86_64 需要
  libmpfr.so.4()(64bit) 被 compat-gcc-44-4.4.7-8.el7.x86_64 需要
```

错误信息提示，gcc 依赖 glibc-devel 和 libmpfr.so.4()(64bit)软件。如果想要运行 gcc，就要先安装这两个软件。那么，这两个软件会不会也依赖其他软件呢？去哪里下载这两个软件呢？

这就是 rpm 的缺陷，它只能告诉用户软件之间的依赖关系出了什么问题，但不能自动去解决这些问题，还需要用户手动去下载和安装缺失的依赖软件。因此，程序员更多的是把 rpm 当作一个软件包管理工具，而不是软件包安装工具。真正经常使用的软件包安装工具是解决了上述两个问题的

yum 软件。

5.2.2 yum 的软件仓库和使用

yum 是基于 rpm 的软件包管理工具，扩展了 rpm 的功能，提供了一个软件仓库，用于存储可用的软件包。用户可以从软件仓库中下载软件包并进行安装、更新或卸载操作。只要软件依赖的安装包也存在于软件仓库中，yum 就能够自动下载并安装这些依赖软件，确保安装和更新过程中所需的依赖项都得到满足。

1. yum 的软件仓库

yum 支持多种类型的软件仓库，常见的有官方仓库、第三方仓库和本地仓库三种。

(1) 官方仓库是操作系统发行版提供的默认软件下载源，它包含了经过验证和测试的软件包。这些软件包是由发行版团队打包并进行严格的质量控制筛选出来的，以确保它们与操作系统的兼容性和稳定性相吻合。

(2) 第三方仓库是由其他组织或个人提供的软件下载源，它们通常为用户提供不在官方仓库中的软件包，如未提交给官方仓库的软件包、某些软件包的最新版本等。用户可以根据自己的需求选择并配置适合自己的第三方仓库。

(3) 本地仓库是用户在服务器本地搭建的一个软件仓库。通过将软件包存储到本地仓库，用户可以在局域网内快速获取这些软件包，而无须从外部网络下载。本地仓库对于没有互联网连接或希望在内部网络中管理软件分发的情况非常有用。

案例 5-8：查看 yum 的仓库配置文件有哪些。

yum 的仓库配置文件存储在/etc/yum.repos.d/目录下。每个仓库对应一个单独的以.repo 为后缀的配置文件。

```
[root@centos ~]# ls /etc/yum.repos.d/
CentOS-Base.repo  CentOS-Debuginfo.repo  CentOS-Media.repo    CentOS-Vault.repo
CentOS-CR.repo    CentOS-fasttrack.repo  CentOS-Sources.repo
```

案例 5-9：查看官方仓库配置文件内容。

CentOS-Base.repo 文件是官方仓库的配置文件，查看其内容可以了解软件仓库配置文件的组成。

```
[root@centos ~]# cat /etc/yum.repos.d/CentOS-Base.repo
……省略部分内容……
[base]
name=CentOS-$releasever - Base
mirrorlist=http://mirrorlist.centos.org/?release=$releasever&arch=$basearch&re
po=os&infra=$infra
#baseurl=http://mirror.centos.org/centos/$releasever/os/$basearch/
gpgcheck=1
gpgkey=file:///etc/pki/rpm-gpg/RPM-GPG-KEY-CentOS-7
……省略部分内容……
[updates]
……省略部分内容……
[extras]
……省略部分内容……
[centosplus]
……省略部分内容……
```

repo 文件中的内容包括以下部分。

(1) [repository_id]：软件仓库的唯一标识符。

(2) name：软件仓库的名称。

(3) mirrorlist：镜像网站的统一资源定位符(URL)地址，用于加速软件包下载。

(4) baseurl：软件仓库的 URL 地址指向存放 rpm 软件包的目录。

(5) enabled：启用或禁用该软件仓库。

(6) gpgcheck：是否检查软件包签名信息。

(7) checksum：用于验证软件包完整性的哈希值。

(8) installonly：是否只安装指定类型的软件。

案例 5-10：配置清华大学 CentOS 软件镜像仓库。

清华大学 CentOS 软件镜像仓库拥有与官方源相同的内容，但位置更接近国内用户的网络环境，可以提供更快的下载速度和更好的用户体验。

(1) 查阅清华大学开源软件镜像站的官方帮助文档。

```
https://mirrors4.tuna.tsinghua.edu.cn/help/centos/
```

(2) 根据官方帮助文档，使用以下命令修改软件仓库的配置文件。

```
[root@centos ~]# sudo sed -e 's|^mirrorlist=|#mirrorlist=|g' \
>          -e
's|^#baseurl=http://mirror.centos.org/centos|baseurl=https://mirrors.tuna.tsinghua.
edu.cn/centos|g' \
>          -i.bak \
>          /etc/yum.repos.d/CentOS-*.repo
```

(3) 更新软件包缓存。

```
[root@centos ~]# yum makecache
……省略不重要的内容……
元数据缓存已建立案例
```

2. yum 的使用

yum 的常用命令如下。

(1) yum list：列出软件仓库里所有可用的软件包。

(2) yum list installed：列出已安装的软件包。

(3) yum search　[keyword]：根据 keyword 搜索可用的软件包。

(4) yum install　-y　[name]：安装指定的软件包。

(5) yum remove　-y　[name]：卸载指定的软件包。

案例 5-11：使用 yum 安装 gcc 软件包。

在使用 rpm 安装 gcc 的时候，我们先从网络上下载 rpm 软件包，然后上传到 Linux，最后才使用 rpm 命令进行安装。而使用 yum 的时候，我们使用下面一条命令，直接从软件仓库下载安装即可。

```
[root@centos ~]# yum install -y gcc
……省略不重要的内容……
已安装:
  gcc.x86_64 0:4.8.5-44.el7
```

```
作为依赖被安装：
  cpp.x86_64 0:4.8.5-44.el7
  glibc-devel.x86_64 0:2.17-326.el7_9
  glibc-headers.x86_64 0:2.17-326.el7_9
  kernel-headers.x86_64 0:3.10.0-1160.92.1.el7
  libmpc.x86_64 0:1.0.1-3.el7
  mpfr.x86_64 0:3.1.1-4.el7
作为依赖被升级：
  glibc.x86_64 0:2.17-326.el7_9    glibc-common.x86_64 0:2.17-326.el7_9
完毕！
```

可以看到，使用这条命令不仅安装了 gcc 软件，还安装了它所依赖的 cpp、glibc-devel、glibc-headers、kernel-headers、libmpc、mpfx 软件。除此之外，还升级了 glibc 和 glibc-common 两个依赖软件。

案例 5-12：使用 yum 搜索 wget 软件。

wget 是一款下载软件，可以简化在 Linux 上下载文件的操作。

```
[root@centos ~]# yum search wget
已加载插件: fastestmirror
Loading mirror speeds from cached hostfile
============================ N/S matched: wget ============================
wget.x86_64 : A utility for retrieving files using the HTTP or FTP protocols
```

yum 支持软件仓库检索功能。对于一款待安装的软件，可以先从软件仓库检索，如果有就直接下载安装，没有再考虑用其他手段进行安装。

案例 5-13：使用 yum 安装 wget 软件。

```
[root@centos ~]# yum install -y wget
······省略不重要的内容······
已安装：
wget.x86_64 0:1.14-18.el7_6.1
完毕！
```

案例 5-14：查看 wget 软件的详细信息。

yum 作为 rpm 的升级版本，通过它安装的软件也支持被 rpm 管理。

```
[root@centos ~]# rpm -qi wget
Name        : wget
Version     : 1.14
Release     : 18.el7_6.1
Architecture: x86_64
······省略其他内容······
```

总的来说，yum 是一个强大而方便的软件包管理工具，它简化了 rpm 软件安装和更新的过程，并提供了便捷的软件包搜索和管理功能，已成为 CentOS 系统中首选的软件管理工具。

5.2.3　使用 tar 命令安装软件

有些软件既没有上传到任何软件仓库，也没有制作成 rpm 软件包，提供的只是一个后缀为 tar.gz 的文件。tar.gz 是 Linux 上最常用的压缩文件格式的后缀名。想要安装这种软件，需要使用 tar 命令解压缩该文件，然后把解压后的内容移动到合适的位置，最后修改一系列相关的配置文件。

tar 命令用于压缩与解压缩文件，格式如下。

```
tar  [选项]  [文件名]  [文件或目录]
```

tar 命令常用选项见表 5-2。

表 5-2　tar 命令常用选项

选项	说明
-c	创建打包文件
-v	打包显示详细信息
-f	指定打包后的文件名称
-x	释放打包文件
-t	列出打包文件的内容
-j	打包后通过 bzip2 格式压缩
-z	打包后通过 gzip 格式压缩

案例 5-15：打包/boot 目录，指定压缩包名称为 boot.tar.gz。

```
[root@centos ~]# tar -czvf boot.tar.gz /boot
……省略输出内容……
[root@centos ~]# ls
1.txt 3.txt            boot.tar.gz                      dzqc
2.txt anaconda-ks.cfg compat-gcc-44-4.4.7-8.el7.x86_64.rpm
```

boot.tar.gz 就是打包后的压缩文件。

案例 5-16：安装 jdk 软件。

jdk 是运行 java 程序必备的依赖软件。在 Web 开发和大数据领域，有许多软件都是使用 java 语言开发的，所以安装 jdk 软件是最常用也是最典型的使用 tar 命令安装软件的案例。

(1) 使用 wget 命令下载 jdk 软件。

```
[root@centos ~]# wget
https://download.oracle.com/java/17/latest/jdk-17_linux-x64_bin.tar.gz
……省略输出内容……
```

查看下载内容。

```
[root@centos ~]# ls
……省略其他内容……
jdk-17_linux-x64_bin.tar.gz
```

jdk-17_linux-x64_bin.tar.gz 就是下载的 jdk 软件。

(2) 使用 tar 命令解压缩 jdk-17_linux-x64_bin.tar.gz 到当前目录。

```
[root@centos ~]# tar -xvf jdk-17_linux-x64_bin.tar.gz
```

查看解压结果。

```
[root@centos ~]# ls
……省略其他内容……
jdk-17.0.7
```

jdk-17.0.7 就是解压后的目录。

(3) 移动 jdk-17.0.7 目录到/opt 目录下，并重命名为 jdk。

```
[root@centos ~]# mv jdk-17.0.7/ /opt/jdk
[root@centos ~]# ls /opt/
jdk
```

(4) 编辑环境变量文件/etc/profile。

```
[root@centos ~]# vi /etc/profile
```

在文件的最后追加以下内容。

```
JAVA_HOME=/opt/jdk
JRE_HOME=$JAVA_HOME
PATH=$JAVA_HOME/bin:$PATH
CLASSPATH=.:$JAVA_HOME/lib/dt.jar:$JRE_HOME/lib/tools.jar
export JAVA_HOME JRE_HOME PATH CLASSPATH
```

(5) 刷新环境变量。

```
[root@centos ~]# source /etc/profile
```

(6) 查看 jdk 的版本号，验证 jdk 是否安装成功。

```
[root@centos ~]# java -version
java version "17.0.7" 2023-04-18 LTS
Java(TM) SE Runtime Environment (build 17.0.7+8-LTS-224)
Java HotSpot(TM) 64-Bit Server VM (build 17.0.7+8-LTS-224, mixed mode, sharing)
```

能够输出 jdk 的版本号，就说明安装成功。

5.2.4　使用源代码编译安装软件

有一些软件只提供了源代码，需要使用 make 命令编译安装。

案例 5-17：安装 Redis 软件。

Redis 是一款非关系型数据库(NoSQL)类型的数据库，是企业级 Web 网站的必备软件。

(1) 下载 Redis 的源代码。

```
[root@centos ~]# wget https://download.redis.io/redis-stable.tar.gz
```

查看下载的内容。

```
[root@centos ~]# ls
……省略其他内容……
redis-stable.tar.gz
```

redis-stable.tar.gz 就是下载的源代码文件。

(2) 使用 tar 命令解压缩 redis-stable.tar.gz 到当前目录。

```
[root@centos ~]# tar -xvf redis-stable.tar.gz
```

查看解压结果。

```
[root@centos ~]# ls
```

……省略其他内容……
redis-stable

redis-stable 就是解压后的目录。

(3) 移动 redis-stable 目录到/opt 目录下，并重命名为 redis。

```
[root@centos ~]# mv redis-stable /opt/redis
[root@centos ~]# ls
jdk  redis
```

(4) 进入/opt/redis 目录。

```
[root@centos ~]# cd /opt/redis/
```

(5) 编译源代码文件。

```
[root@centos ~]# make
……省略输出内容……
```

(6) 安装 redis 程序。

```
[root@centos ~]# make install
……省略输出内容……
Hint: It's a good idea to run 'make test' ;)
    INSTALL redis-server
    INSTALL redis-benchmark
    INSTALL redis-cli
make[1]: 离开目录 "/opt/redis/src"
```

(7) 启动 redis server，验证是否安装成功。

```
[root@centos ~]# redis-server
……省略其他内容……
6468:M 11 Jul 2023 19:11:39.019 # Server initialized
……省略其他内容……
```

能看到 Server initialized，说明安装成功。
(8) 使用 Ctrl+C 组合键关闭 redis server。
至此，Redis 编译安装成功。

本章总结

(1) 软件包是将软件及其相关组件打包成一个整体的文件集合，是为了方便软件的安装、升级和管理而创建的。常见的软件包管理工具都可以自动处理依赖关系，确保在安装或升级软件时，所有依赖项都得到满足。

(2) rpm 是一种在 Red Hat 家族中被广泛使用的软件包管理工具，具备软件包的安装、升级、卸载和查询安装信息等功能，但是不具备自动安装依赖软件的功能。

(3) yum 是基于 rpm 的软件包管理工具，它扩展了 rpm 的功能，提供了一个软件仓库，供用户下载软件和依赖。它具备自动安装软件依赖的功能。

(4) tar 命令用于压缩与解压缩文件。压缩文件用 cvf 选项，解压缩文件用 xvf 选项。

(5) make 命令用于编译源代码，make install 命令用于打包安装源代码程序。

上机练习

上机练习一：安装 tree 软件

1. 技能训练点

使用 yum 安装软件。

2. 需求说明

CentOS 默认的 ls 命令并不能很直观地展示子目录中的内容，尤其是当子目录中还有子目录时。为了弥补这个缺陷，需要安装 tree 软件。tree 命令用于以树形结构显示目录和文件的层次关系。它可以递归地列出指定目录下的所有文件和子目录，并以树形结构展示。

3. 实现步骤

(1) 在 yum 软件仓库搜索 tree 软件。

```
[root@centos ~]# yum search tree
……省略输出内容……
tree.x86_64 : File system tree viewer
……省略输出内容……
```

包含 tree 关键词的软件有很多，其中 tree.x86_64 就是我们要安装的软件。

(2) 使用 yum 安装 tree 软件。

```
[root@centos ~]# yum install -y tree
……省略输出内容……
已安装：
  tree.x86_64 0:1.6.0-10.el7
完毕！
```

(3) 使用 tree 命令查看~目录下的内容，如图 5-3 所示。

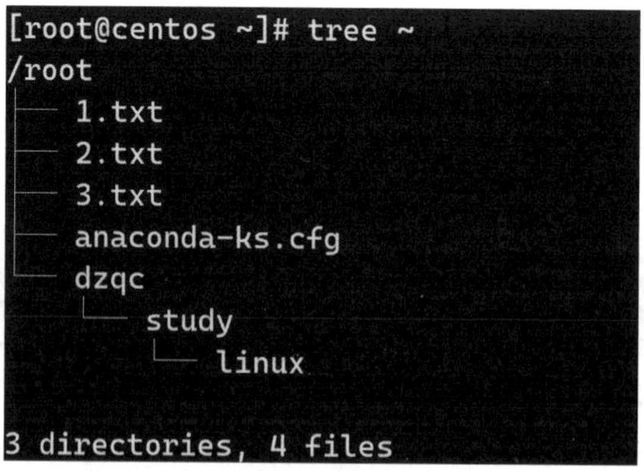

```
[root@centos ~]# tree ~
/root
├── 1.txt
├── 2.txt
├── 3.txt
├── anaconda-ks.cfg
└── dzqc
    └── study
        └── linux

3 directories, 4 files
```

图 5-3　使用 tree 命令查看~目录下的内容

上机练习二：安装 vim 软件

1. 技能训练点

(1) 使用 yum 安装软件。

(2) vim 软件的使用。

2. 需求说明

vim 是 vi 编辑器的增强版本，由 Bram Moolenaar 于 1991 年开发。Vim 在 vi 编辑器的基础上添加了许多新功能和改进，如支持语法高亮、代码折叠、多窗口编辑等功能，更加强大和便捷。vim 也是一个自由开源项目，拥有活跃的社区和大量的用户，他们为 vim 贡献了许多插件和扩展功能。

3. 实现步骤

(1) 在 yum 软件仓库搜索 vim 软件。

```
[root@centos ~]# yum search vim
……省略输出内容……
vim-X11.x86_64 : The VIM version of the vi editor for the X Window System
……省略输出内容……
```

vim-X11.x86_64 就是我们需要安装的软件。

(2) 使用 yum 安装 vim 软件。

```
[root@centos ~]# yum install -y vim
……省略输出内容……
已安装:
  vim-enhanced.x86_64 2:7.4.629-8.el7_9
作为依赖被安装:
  gpm-libs.x86_64 0:1.20.7-6.el7            vim-common.x86_64 2:7.4.629-8.el7_9
  vim-filesystem.x86_64 2:7.4.629-8.el7_9
完毕!
```

(3) 学习使用 vim 软件。

vim 自带了中文教程文档，使用以下命令即可查看，如图 5-4 所示。

```
[root@centos ~]# vimtutor
```

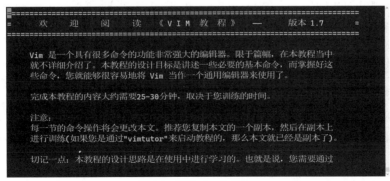

图 5-4　查看 vim 中文教程

上机练习三: 安装 Tomcat 软件

1. 技能训练点

(1) wget 命令的使用。

(2) tar 命令安装软件的流程。

2. 需求说明

Tomcat(全称 Apache Tomcat)是一个开源的 Java Servlet 容器, 也是一个用于实现 Java Servlet 和 Java Server Pages(JSP)的 Web 应用服务器。它由 Apache 软件基金会开发和维护, 是一个流行的 Web 服务器和 Java 应用服务器。

3. 实现步骤

(1) 检查 jdk 是否安装。

Tomcat 是采用 java 编写的, 运行依赖 jdk 软件, 所以要先检查是否安装了 jdk。

```
[root@centos ~]# java --version
java 17.0.7 2023-04-18 LTS
Java(TM) SE Runtime Environment (build 17.0.7+8-LTS-224)
Java HotSpot(TM) 64-Bit Server VM (build 17.0.7+8-LTS-224, mixed mode, sharing)
[root@centos ~]#
```

如果未安装, 请参考 5.2.3 小节先安装 jdk 软件。

(2) 查看 JAVA_HOME 环境变量的值。

```
[root@centos ~]# echo $JAVA_HOME
/opt/jdk
```

记录下这个值, 后续配置 Tomcat 的时候需要使用。

(3) 使用 wget 下载 Tomcat 的压缩包。

```
[root@centos ~]# wget
https://dlcdn.apache.org/tomcat/tomcat-8/v8.5.91/bin/apache-tomcat-8.5.91.tar.gz
--no-check-certificate
```

注意:

--no-check-certificate 选项表示忽略 HTTPS(服务器数字证书)的验证。

查看下载内容。

```
[root@centos ~]# ls
……省略其他内容……
apache-tomcat-8.5.91.tar.gz
```

apache-tomcat-8.5.91.tar.gz 就是下载的文件。

(4) 使用 tar 命令将文件解压缩到当前目录。

```
[root@centos ~]# tar -xvf apache-tomcat-8.5.91.tar.gz
```

查看解压结果。

```
[root@centos ~]# ls
……省略其他内容……
apache-tomcat-8.5.91
```

apache-tomcat-8.5.91 就是解压后的目录。

(5) 移动 apache-tomcat-8.5.91 目录到/opt 目录下，并重命名为 tomcat。

```
[root@centos ~]# mv apache-tomcat-8.5.91/ /opt/tomcat
[root@centos ~]# ls /opt/
jdk  redis  tomcat
```

(6) 配置 Tomcat 软件，编辑配置文件/opt/tomcat/bin/setclasspath.sh。

```
[root@centos ~]# vi /opt/tomcat/bin/setclasspath.sh
```

在文件的最后追加以下内容。

```
export JAVA_HOME=/opt/jdk
export JRE_HOME=$JAVA_HOME
```

(7) 启动 Tomcat 软件。

```
[root@centos ~]# /opt/tomcat/bin/startup.sh
……省略其他内容……
Tomcat started
```

看到 Tomcat started，就表示 Tomcat 启动成功。

(8) 关闭 Tomcat 软件。

```
[root@centos ~]# /opt/tomcat/bin/shutdown.sh
```

至此，Tomcat 软件安装完成。

巩固练习

一、选择题

1. 在 CentOS 系统上，使用(　　)命令安装软件包。
   - A. yum search package_name
   - B. yum install package_name
   - C. yum remove package_name
   - D. yum update

2. 当需要更新已安装软件包的信息时，使用(　　)命令。
   - A. yum info package_name
   - B. yum search package_name
   - C. yum list installed
   - D. yum update

3. (　　)命令可以列出 CentOS 系统上可用的软件包更新。
   - A. yum upgrade
   - B. yum update
   - C. yum install
   - D. yum remove

4. 如果想查看 CentOS 系统上已安装的软件包列表，使用(　　)命令。
   - A. yum list installed
   - B. yum search package_name
   - C. yum info package_name
   - D. yum update

5. 在 CentOS 系统上，如果想卸载一个已安装的软件包，使用( )命令。

    A. yum install package_name   B. yum search package_name

    C. yum remove package_name   D. yum update

二、填空题

1. RPM 是_____的缩写，是一种用于_____操作系统的软件包管理工具。

2. 使用的 rpm 命令的_____选项可以升级软件包。

3. 使用的 rpm 命令的_____选项可以查看软件包的详细信息。

4. yum 是一种用于_____软件包的管理工具。

5. 使用 tar 命令的_____选项对文件进行解压缩操作。

三、简单题

1. 简述 rpm 和 yum 命令的关系与区别。

2. 简述 tar 命令的作用和常用选项。

3. 简述环境变量文件的作用和修改方式。

磁盘管理 第**6**章

磁盘管理直接关系到系统的稳定性、数据的安全性和性能的优化，涉及对存储设备的管理、分区、文件系统的创建和维护等。本章介绍磁盘的分类和分区知识，讲解磁盘的扩容操作。

学习目标

1. 了解磁盘的基本分类及性能特点。
2. 掌握磁盘 MBR 分区基本操作步骤。
3. 掌握 RAID 磁盘阵列的配置部署。

6.1 磁盘管理中的概念

磁盘分区、磁盘名称、文件系统和挂载点是磁盘管理中的几个重要概念，了解它们的含义有助于用户更好地进行磁盘管理。

6.1.1 磁盘分区

磁盘分区是将物理硬盘划分为多个逻辑区域的过程，每个分区被视为一个独立的存储空间，可用于存储文件、目录和其他数据。磁盘分区的主要目的是将硬盘的空间划分为更小的部分，以便更有效地管理和组织数据。对磁盘进行分区带来的优势主要有以下几方面。

(1) 数据组织。磁盘分区允许用户将数据组织成不同的逻辑单元。例如，用户可以将操作系统文件、应用程序和用户数据分开存储在不同的分区中。这样做可以使数据管理更加清晰和方便。

(2) 空间利用。通过分区，用户可以更好地利用硬盘的可用空间。如果整个硬盘都用作单个分区，当硬盘空间不足时，可能需要进行整体的数据迁移和重新组织。分区后，用户只需要处理特定分区的空间问题，不会对整个硬盘的数据造成干扰。

(3) 安全性和稳定性。通过分区，用户可以将关键系统文件和用户数据分开存储。这样做可以提高系统的稳定性，避免某个文件或分区的问题影响其他部分。此外，如果某个分区发生损坏或数据丢失，其他分区的数据仍然保持完好。

(4) 备份和恢复。分区使得备份和恢复数据更加灵活、高效。用户可以选择只备份特定分区的数据，而不需要备份整个硬盘。这样可以节省时间和存储空间，并简化数据恢复过程。

Linux 中常见的磁盘分区方案包括 MBR(master boot record，主引导记录)和 GPT(guid partition table，磁盘分割列表)两种。MBR 是一种传统的分区方案，最多支持 4 个主分区或 3 个主分区和 1 个扩展分区，每个分区最多支持 2TB 的容量。GPT 是一种新的分区方案，最多支持 128 个主分区，并且可以支持超过 2TB 的磁盘容量。

主分区(primary partition)是直接在物理硬盘上创建的分区。MBR 方案下每个硬盘最多可以有 4 个主分区，编号为 1~4。主分区可以包含一个文件系统，用于存储操作系统、应用程序和用户数据等。

扩展分区(extended partition)是 MBR 方案为了突破主分区数量的限制而引入的，每个硬盘只能有一个扩展分区。扩展分区本身并不包含文件系统，而是用于划分逻辑分区。

逻辑分区(logical partition)是在扩展分区内创建的分区。逻辑分区的数量没有限制，可以根据需求创建多个逻辑分区。每个逻辑分区都可以作为独立的文件系统使用。

主分区、扩展分区和逻辑分区的关系如图 6-1 所示。

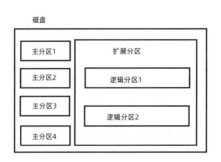

图 6-1　主分区、扩展分区和逻辑分区的关系

fdisk 是 Linux 上的一款磁盘管理软件，使用它可以查看磁盘的分区方式。

案例 6-1：查看系统的分区信息。

```
[root@centos mnt]# fdisk -l
磁盘 /dev/sda: 21.5 GB, 21474836480 字节, 41943040 个扇区
Units = 扇区 of 1 * 512 = 512 bytes
扇区大小(逻辑/物理)：512 字节 / 512 字节
I/O 大小(最小/最佳)：512 字节 / 512 字节
磁盘标签类型：dos
磁盘标识符：0x000cf4d4
……省略其他内容……
```

可以看到，磁盘名字叫作 sda，大小是 21.5G。磁盘标签类型是 dos，说明它是采用 MBR 方式进行分区的。如果采用 GPT 方案进行分区，那么磁盘标签类型应该是 gpt。

lsblk 命令可以查看块设备的信息。磁盘也属于块设备，它的信息中就包含与分区相关的信息。lsblk 命令常用的选项表 6-1。

表 6-1　lsblk 命令常用的选项

选项	说明
-a	显示所有设备，包括空设备
-l	仅显示设备列表，不显示完整的层次结构
-d	仅显示磁盘设备，不显示分区
-p	显示设备的完整路径
-t	以树状结构显示设备和分区的关系

案例 6-2：查看系统中的块设备的信息。

```
[root@centos ~]# lsblk
NAME            MAJ:MIN RM  SIZE RO TYPE MOUNTPOINT
sda               8:0    0   20G  0 disk
├─sda1            8:1    0    1G  0 part /boot
└─sda2            8:2    0   19G  0 part
  ├─centos-root 253:0    0   17G  0 lvm  /
  └─centos-swap 253:1    0    2G  0 lvm  [SWAP]
sr0              11:0    1  973M  0 rom
```

sda 是虚拟机的硬盘，它有两个主分区 sda1 和 sda2，一个 1G，一个 19G。它没有扩展分区和逻辑分区。sr0 是虚拟机的光驱，里边装着 CentOS 7 的安装镜像，大小为 973M。sda2 又被划分成了 centos-root 和 centos-swap 两部分。这两部分叫作逻辑卷(logical volume)。

LVM(logical volume manager)是 Linux 操作系统中的逻辑卷管理器，用于对硬盘分区进行灵活的管理和扩展。LVM 将物理存储设备(如硬盘)抽象为逻辑卷，并通过卷组(volume group)来管理逻辑卷，从而提供了更灵活和可扩展的存储管理解决方案。使用 LVM 的优势如下。

(1) 更灵活的存储空间。LVM 允许对逻辑卷进行动态调整，包括创建、删除、调整大小和移动等操作，而无须重新分区或格式化硬盘。这使得存储空间的管理更加灵活和高效。

(2) 更大的容量。通过将多个物理存储设备组合成卷组，集中管理和分配存储容量。卷组可以跨越多个硬盘，提供更大的总容量和可用空间。

(3) 更安全的数据保护。LVM 提供了快照功能，可以在不影响原始数据的情况下创建数据的副本，用于备份、测试和恢复等操作。此外，LVM 还支持在卷组级别实现数据冗余和容错功能，以提高数据的可靠性和可用性。

(4) 更简化的管理。使用 LVM，可以轻松地对多个磁盘和分区进行统一管理和监控。

centos-root 逻辑卷是操作系统的根目录(/)，用于存储数据。而 consts-swap 逻辑卷则是交换分区(swap partition)。交换分区是一种特殊的分区，用于扩展系统内存(RAM)的容量。当系统的物理内存不足时，操作系统将部分内存中的数据移到交换分区中，以释放内存供其他程序使用。这样可以避免系统因内存不足而导致的性能问题。

6.1.2 磁盘名称

在 Linux 中，块设备是指以固定大小的块(通常为 512 字节或 4KB)进行读写操作的硬件设备。常见的 Linux 块设备包括以下几种。

(1) 硬盘(hard disk)：硬盘是最常见的块设备类型，用于存储数据。硬盘通常连接到计算机的 SATA、SCSI、NVMe 等接口上，并被分为多个分区。

(2) 固态硬盘(solid state drive，SSD)：SSD 是一种使用闪存存储技术的块设备，与传统机械硬盘相比，SSD 具有更快的读写速度和更强的耐用性。

(3) 光盘(optical disc)：光盘是一种只读或可写的存储介质，如 CD、DVD 和 Blu-ray 光盘。

(4) 软盘(floppy disk)：软盘是一种早期的存储介质，容量较小且早已被淘汰。

在 Linux 中，一切皆文件，块设备也是以文件的方式存储在/dev 目录中的。其中，硬盘文件一般都以/dev/sd 开头。

案例6-3：查看/dev 下的硬盘设备。

```
[root@centos ~]# ls /dev/sd*
/dev/sda  /dev/sda1  /dev/sda2
```

一台主机上可以有多块硬盘，因此 Linux 采用 a~p 来给它们编号。sda 表示第一块硬盘，sdb 表示第二块硬盘，以此类推，第三块、第四块硬盘就是 sdc、sdd。

sda 下的 sda1、sda2 中的数字 1 和 2 则表示属于 sda 硬盘的第 1 个和第 2 个分区。在 MBR 模式下，逻辑分区从编号 5 开始。

在案例 6-2 中见到的逻辑卷 centos-root 和 centos-swap 也是以文件的方式存储在/dev/mapper 目录下被管理的。

案例6-4：查看/dev/mapper 下的逻辑卷。

```
[root@centos mnt]# ls /dev/mapper
centos-root  centos-swap  control
```

6.1.3 文件系统

磁盘分区后，必须经过格式化操作指定文件系统后才能使用。文件系统是用于组织和管理文件数据的一种结构，定义了文件和目录的命名规则、存储方式以及访问权限等。以下是 Linux 中常见的文件系统。

(1) ext4(第四扩展文件系统)：Linux 中最常用的文件系统，提供了较高的性能和可靠性。它支持大容量磁盘和大文件，并具有日志功能，以确保文件系统的一致性和恢复性。

(2) xfs：一个高性能的文件系统，适用于大型存储设备和大文件的处理。它具有高吞吐量和低延迟的特点，并支持快速的文件系统检查和修复。

(3) swap：交换分区使用的文件系统。

blkid 命令可以查看分区的文件系统。

案例 6-5： 查看当前系统中各分区的文件系统。

```
[root@centos mnt]# blkid
/dev/sda1: UUID="247c41eb-7b79-4102-92b5-fe6f53b9ea3d" TYPE="xfs"
/dev/sda2: UUID="xXdNcH-RLPP-pAch-P22O-sBIG-CKSC-uKr84Z" TYPE="LVM2_member"
/dev/sr0: UUID="2020-11-03-14-55-29-00" LABEL="CentOS 7 x86_64" TYPE="iso9660"
PTTYPE="dos"
/dev/mapper/centos-root: UUID="66b57a5b-b4f7-4765-804e-5209e58a1d95" TYPE="xfs"
/dev/mapper/centos-swap: UUID="255c0d01-e601-4b9a-b0b7-eddac22fb06a"
TYPE="swap"
```

6.1.4 挂载点

挂载点是指在 Linux 中用于将文件系统与目录关联起来的特定目录。通过挂载点，文件系统中的数据可以在该目录下访问和使用。

在 Linux 中，可以将各种类型的文件系统挂载到不同目录上。挂载点是一个目录，可以是系统预设的一些特定目录(如/表示根目录)，也可以是用户自定义的目录。一旦文件系统被挂载到某个目录上，该目录就成了文件系统的入口点，文件系统中的文件和目录可以通过该挂载点进行访问。

df 命令是一个常用的用于查看文件系统磁盘使用情况的命令，它可以显示已挂载的文件系统的磁盘空间使用情况，包括磁盘容量、已用空间、可用空间和挂载点等信息。df 命令常用的选项见表 6-2。

表 6-2 df 命令常用的选项

选项	说明
-h	以人类可读的方式显示磁盘使用情况，以适合阅读的单位(如 GB、MB)显示大小
-T	显示文件系统的类型
-i	显示文件系统的 inode 使用情况，包括已用 inode 数、剩余 inode 数和总 inode 数
-a	显示所有文件系统，包括没有挂载的文件系统
-x	排除指定文件系统类型的显示，只显示其他类型的文件系统
-P	以可移植操作系统接口(POSIX)标准的输出格式显示结果，每行输出一条记录

案例 6-6： 查看文件系统的挂载点。

```
[root@centos mnt]# df -hT
```

结果如图 6-2 所示。

```
[root@centos mnt]# df -hT
文件系统                    类型        容量    已用    可用  已用% 挂载点
devtmpfs                  devtmpfs    475M      0    475M    0% /dev
tmpfs                     tmpfs       487M      0    487M    0% /dev/shm
tmpfs                     tmpfs       487M   7.7M    479M    2% /run
tmpfs                     tmpfs       487M      0    487M    0% /sys/fs/cgroup
/dev/mapper/centos-root   xfs          17G   3.5G     14G   21% /
/dev/sda1                 xfs        1014M   137M    878M   14% /boot
tmpfs                     tmpfs        98M      0     98M    0% /run/user/0
```

图 6-2　文件系统的挂载点

从结果可以看出，centos-root 文件系统的类型是 xfs，容量 17GB，挂载到了根目录(/)下。

6.2　磁盘扩容

随着服务器日夜不断的运行，系统和软件每时每刻都在产生数据。随着数据的不断积累和增长，原有磁盘空间可能不足以容纳新的数据，这就需要对现有的磁盘进行扩容，以满足不断增长的数据容量的需求。

磁盘扩容操作步骤是添加新硬盘、创建分区、格式化文件系统和挂载分区。

6.2.1　添加新硬盘

为虚拟机添加一块新硬盘的操作如下。

(1) 关闭虚拟机。

(2) 单击标签页的"编辑虚拟机设置"按钮，在打开的虚拟机设置界面选择"硬盘"，如图 6-3 所示。单击下方的"添加"按钮，进入硬件类型界面。

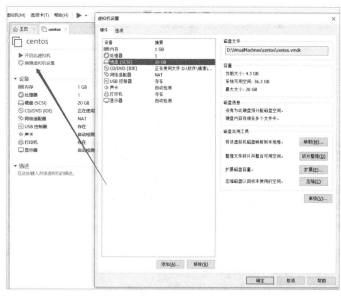

图 6-3　硬盘设置页面

(3) 在打开的硬件类型界面，添加一个硬盘，如图 6-4 所示。

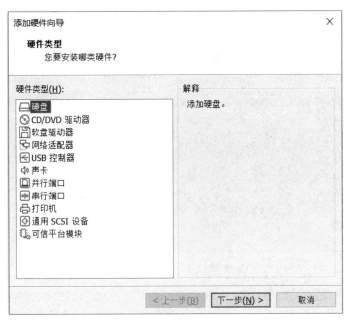

图 6-4　添加硬盘

(4) 一直保持默认选项，单击"下一步"按钮，直到最后创建出一个 20GB 的虚拟磁盘，如图 6-5 所示。

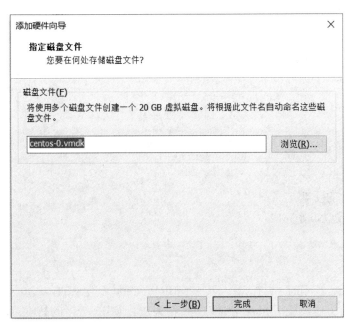

图 6-5　完成添加硬盘

(5) 单击"完成"按钮，即可看到新硬盘，如图 6-6 所示。

(6) 单击"确定"按钮完成修改，然后启动虚拟机。

图 6-6　查看新硬盘

(7) 查看新的硬盘信息。

```
[root@centos ~]# lsblk
NAME            MAJ:MIN RM  SIZE RO TYPE MOUNTPOINT
sda               8:0    0   20G  0 disk
├─sda1            8:1    0    1G  0 part /boot
└─sda2            8:2    0   19G  0 part
  ├─centos-root 253:0 0   17G  0 lvm  /
  └─centos-swap 253:1 0    2G  0 lvm  [SWAP]
sdb              8:16   0   20G  0 disk
sr0             11:0    1  973M  0 rom
```

sdb 就是新添加的硬盘。

至此，添加新硬盘操作完成。

6.2.2　创建分区

创建分区有 MBR 和 GPT 两种方式，其中 MBR 是 CentOS 默认的方式，因此新添加的硬盘也采用 MBR 方式进行分区。使用 fdisk 软件对 sdb 磁盘进行 MBR 分区的具体操作步骤如下。

(1) 打开 fdisk 软件。

```
[root@centos ~]# fdisk /dev/sdb
欢迎使用 fdisk (util-linux 2.23.2)。
更改将停留在内存中，直到您决定将更改写入磁盘。
使用写入命令前请三思。
```

```
Device does not contain a recognized partition table
使用磁盘标识符 0x4468f5eb 创建新的 DOS 磁盘标签。
命令(输入 m 获取帮助):
```

(2) 根据提示信息输入 m 获取帮助。

```
命令操作
   a   toggle a bootable flag
   b   edit bsd disklabel
   c   toggle the dos compatibility flag
   d   delete a partition
   g   create a new empty GPT partition table
   G   create an IRIX (SGI) partition table
   l   list known partition types
   m   print this menu
   n   add a new partition
   o   create a new empty DOS partition table
   p   print the partition table
   q   quit without saving changes
   s   create a new empty Sun disklabel
   t   change a partition's system id
   u   change display/entry units
   v   verify the partition table
   w   write table to disk and exit
   x   extra functionality (experts only)
```

这里列出了所有可用的操作命令代码。

(3) 输入 n, 新建分区。

```
命令(输入 m 获取帮助): n
Partition type:
   p   primary (0 primary, 0 extended, 4 free)
   e   extended
Select (default p):
```

MBR 的分区方式分为主分区和扩展分区, 这里需要选择创建哪种分区。

(4) 输入 p, 创建主分区, 然后依次设置主分区的分区号、起始扇区和结束扇区。

```
分区号 (1-4, 默认 1): 1
起始 扇区 (2048-41943039, 默认为 2048):
将使用默认值 2048
Last 扇区, +扇区 or +size{K,M,G} (2048-41943039, 默认为 41943039): +5G
分区 1 已设置为 Linux 类型, 大小设为 5 GiB
```

最多设置 4 个主分区, 所以分区号范围是 1~4。

起始扇区和结束扇区用于设置分区的存储空间大小。起始扇区可以不填, 表示从起始位置 2048 开始, 结束扇区可以使用+size{K,M,G}的方式设置。比如, +5G 表示分区的存储空间是 5G。

(5) 输入 n, 继续创建新的分区, 这次选择 e 扩展分区。

```
命令(输入 m 获取帮助): n
Partition type:
   p   primary (1 primary, 0 extended, 3 free)
   e   extended
```

```
Select (default p): e
分区号 (2-4，默认 2): 2
起始 扇区 (10487808-41943039，默认为 10487808):
将使用默认值 10487808
Last 扇区, +扇区 or +size{K,M,G} (10487808-41943039，默认为 41943039):
将使用默认值 41943039
分区 2 已设置为 Extended 类型，大小设为 15 GB
```

这次起始扇区和结束扇区都不填，采用默认值，就把剩余的15G存储空间都分配给了扩展分区。

(6) 输入 n，继续创建逻辑分区。

```
命令(输入 m 获取帮助): n
Partition type:
   p   primary (1 primary, 1 extended, 2 free)
   l   logical (numbered from 5)
```

可以看到，目前有一个主分区，一个扩展分区，还能创建 2 个主分区，不能创建扩展分区了，但是可以创建逻辑分区。

(7) 输入 l，创建第一个逻辑分区。

```
Select (default p): l
添加逻辑分区 5
起始 扇区 (10489856-41943039，默认为 10489856):
将使用默认值 10489856
Last 扇区, +扇区 or +size{K,M,G} (10489856-41943039，默认为 41943039): +3G
分区 5 已设置为 Linux 类型，大小设为 3 GiB
```

创建编号为5的逻辑分区，存储空间设置为3G。

(8) 输入 n，继续创建第二个逻辑分区，存储空间设置为3G。

```
命令(输入 m 获取帮助): n
Partition type:
   p   primary (1 primary, 1 extended, 2 free)
   l   logical (numbered from 5)
Select (default p): l
添加逻辑分区 6
起始 扇区 (16783360-41943039，默认为 16783360):
将使用默认值 16783360
Last 扇区, +扇区 or +size{K,M,G} (16783360-41943039，默认为 41943039): +3G
分区 6 已设置为 Linux 类型，大小设为 3 GB
```

继续创建编号为7、8、9的逻辑分区，每个逻辑分区的存储空间都是3G。

注意:

创建编号为 9 的逻辑分区时，设置结束扇区的时候不能填+3G，要直接按回车键，把剩余的所有存储空间都分配给它。

至此，所有的存储空间分配完毕。其中，主分区 1 占 5G，扩展分区占 15G。扩展分区中有 5 个逻辑分区，每个各占 3G。

(9) 输入 p，查看分区情况。

```
命令(输入 m 获取帮助): p
```

```
磁盘 /dev/sdb：21.5 GB, 21474836480 字节，41943040 个扇区
Units = 扇区 of 1 * 512 = 512 bytes
扇区大小(逻辑/物理)：512 字节 / 512 字节
I/O 大小(最小/最佳)：512 字节 / 512 字节
磁盘标签类型：dos
磁盘标识符：0x4468f5eb
   设备 Boot      Start        End      Blocks   Id  System
/dev/sdb1          2048    10487807     5242880   83  Linux
/dev/sdb2      10487808    41943039    15727616    5  Extended
/dev/sdb5      10489856    16781311     3145728   83  Linux
/dev/sdb6      16783360    23074815     3145728   83  Linux
/dev/sdb7      23076864    29368319     3145728   83  Linux
/dev/sdb8      29370368    35661823     3145728   83  Linux
/dev/sdb9      35663872    41943039     3139584   83  Linux
```

(10) 输入 w，保存分区配置并退出 fdisk 软件。

```
命令(输入 m 获取帮助)：w
The partition table has been altered!

Calling ioctl() to re-read partition table.
正在同步磁盘
[root@centos ~]#
```

(11) 查看/dev/sdb 的分区情况。

```
[root@centos ~]# lsblk /dev/sdb
[root@centos ~]# lsblk /dev/sdb
NAME   MAJ:MIN RM SIZE RO TYPE MOUNTPOINT
sdb      8:16   0  20G  0 disk
├─sdb1   8:17   0   5G  0 part /sdb1
├─sdb2   8:18   0   1K  0 part
├─sdb5   8:21   0   3G  0 part
├─sdb6   8:22   0   3G  0 part
├─sdb7   8:23   0   3G  0 part
├─sdb8   8:24   0   3G  0 part
└─sdb9   8:25   0   3G  0 part
```

/dev/sdb 的分区情况和 fdisk 中查看的信息一致。

至此，创建分区操作完成。

6.2.3　格式化文件系统

创建分区后并不能立即存储数据，还需要对分区进行格式化。如果将分区看作一间教室，将数据看作学生，格式化就是在教室里摆放桌椅，并且规定每个学生只能占用一套桌椅，这样学生才能有序地坐满教室。

用于格式化的文件系统有 ext4 和 xfs 两种。其中，xfs 是 CentOS 系统默认的。因此，我们也采用这种格式，具体的操作步骤如下。

(1) 使用 mkfs 命令格式化/sdb1 分区。

```
[root@centos ~]# mkfs.xfs /dev/sdb1
```

```
meta-data=/dev/sdb1          isize=512    agcount=4, agsize=327680 blks
         =                   sectsz=512   attr=2, projid32bit=1
         =                   crc=1        finobt=0, sparse=0
data     =                   bsize=4096   blocks=1310720, imaxpct=25
         =                   sunit=0      swidth=0 blks
naming   =version 2          bsize=4096   ascii-ci=0 ftype=1
log      =internal log       bsize=4096   blocks=2560, version=2
         =                   sectsz=512   sunit=0 blks, lazy-count=1
realtime =none               extsz=4096   blocks=0, rtextents=0
```

(2) sdb 2 是扩展分区，不占用存储空间，不能存储数据，所以不用格式化。sdb5 到 sdb9，在后续章节还有其他作用，暂时不格式化。

至此，格式化文件系统操作完成。

6.2.4 挂载分区

只要把格式化后的分区挂载到指定目录，用户就可以在分区中存储数据了，具体操作步骤如下。

(1) 在根目录下创建 sdb0 和 sdb1 2 个目录。

```
[root@centos ~]# mkdir /sdb0 /sdb1
```

(2) 使用 mount 命令把分区挂载到对应的目录下。

```
[root@centos ~]# mount /dev/sdb1 /sdb1
```

(3) 使用 df 命令查看挂载点信息。

```
[root@centos ~]# df -hT
……无关的内容……
/dev/sdb1               xfs      5.0G   33M  5.0G    1% /sdb1
```

可以看到挂载成功。接下来验证数据是否真的存储到了新的磁盘里。

(4) 在/sdb1 里创建 sdb1.txt 文件。

```
[root@centos ~]# touch /sdb1/sdb1.txt
[root@centos ~]# ls /sdb1
sdb1.txt
```

文件创建成功，/sdb1 目录有 sdb1.txt 文件。

(5) 使用 umount 命令卸载/dev/sdb1 分区和/sdb1 目录的挂载。

```
[root@centos ~]# umount /dev/sdb1
umount: /dev/sdb1：未挂载
```

未挂载表明分区卸载成功。

(6) 查看/sdb1 目录下的内容。

```
[root@centos ~]# ls /sdb1
[root@centos ~]#
```

分区卸载以后，/sdb1 目录不再指向/dev/sdb1 分区，所以里边什么也没有了。

(7) 再次把/dev/sdb1 分区挂载到/sdb0 目录下。

```
[root@centos ~]# mount /dev/sdb1 /sdb0
```

(8) 查看/sdb1 目录下的内容。

[root@centos ~]# ls /sdb0

sdb1.txt

/sdb0 目录指向/dev/sdb1 分区时，就可以在/sdb0 目录里看到/dev/sdb1 分区的文件了。这就说明使用 mount 命令挂载分区以后，确实是把数据存储到对应的分区磁盘里了。

mount 命令挂载的分区是临时性的，重启服务器后就失效了。要想永久有效，需要把分区和目录的挂载关系写到/etc/fstab 文件里，操作如下。

(9) 使用 blkid 命令查看分区的 UUID。

```
[root@centos ~]# blkid
/dev/sdb1: UUID="247c41eb-7b79-4102-92b5-fe6f53b9ea3d" TYPE="xfs"
……省略其他分区信息……
```

UUID 是每个分区的唯一标识。

(10) 编辑/etc/fstab 文件，写入分区和目录的对应关系。

```
[root@centos ~]# vi /etc/fstab
```

增加以下内容。

```
UUID="247c41eb-7b79-4102-92b5-fe6f53b9ea3d" /sdb1 xfs defaults 0 0
```

UUID 就是上一步查询到的各个分区的 UUID，xfs 是分区的文件系统，defaults 表示挂载选项为默认值，最后两个 0 表示不对分区进行备份和检测。

这样，重启以后挂载配置也会有效。

至此，磁盘扩容的所有操作都完成了。

6.3 RAID

RAID(冗余磁盘阵列)是一种通过将多个物理磁盘组合在一起，以提高数据存储性能、可靠性和冗余度的技术。RAID 使用特定的数据分布和冗余策略，将数据分布在多个磁盘上，以实现数据的读取和写入并行处理，从而提高访问速度和故障容忍能力。

6.3.1 几种常见的 RAID 级别

以下是几种常见的 RAID 级别。

(1) RAID 0(条带化)：数据被分块并交错地写入多个磁盘，以提高读写性能。然而，RAID 0 不提供冗余性，一块磁盘出现故障将导致数据完全丢失。

(2) RAID 1(镜像)：数据同时被写入两个磁盘，实现了数据的完全冗余备份。RAID 1 提供了很高的数据冗余性和容错能力，但存储效率相对较低。

(3) RAID 5：数据被分块写入多个磁盘，并在磁盘中计算奇偶校验位，以实现数据的冗余和校验。RAID 5 具有较强的读写性能和部分冗余性，但在一个磁盘出现故障时，需要计算奇偶校验位来恢复数据。

(4) RAID 6：类似于 RAID 5，但使用两个奇偶校验位进行冗余和校验，具有更强的容错能力，可以同时容忍两块磁盘的故障。

(5) RAID 10(RAID 1+0)：将 RAID 1 和 RAID 0 结合起来，镜像和条带化的组合方式具有高性能和高冗余性。至少需要 4 个磁盘来实现 RAID 10。

其中比较常用的是 RAID 0 和 RAID 5 这两个级别。

6.3.2 搭建 RAID 5 的操作流程

CentOS 提供了 mdadm 软件来建立和配置 RAID 设置。下面是使用 mdadm 搭建 RAID 5 的操作流程。

(1) 使用 yum 安装 mdadm 软件。

```
[root@centos ~]# yum install -y mdadm
……省略无用信息……
已安装:
  mdadm.x86_64 0:4.1-9.el7_9
作为依赖被安装:
  libreport-filesystem.x86_64 0:2.1.11-53.el7.centos
完毕!
```

(2) RAID 5 使用奇偶校验来提供冗余和校验，所以至少需要 3 块硬盘。其中，2 块硬盘用于存储数据，1 块硬盘用于存储奇偶校验位。本案例中，使用 3 块硬盘组建 RAID 5，2 块硬盘作为备用，总共需要 5 块硬盘，分别使用 sdb5、sdb6、sdb7、sdb8 和 sdb9 代替。

```
[root@centos ~]# lsblk /dev/sdb
NAME   MAJ:MIN RM SIZE RO TYPE MOUNTPOINT
sdb      8:16   0  20G  0 disk
├─sdb1   8:17   0   5G  0 part /sdb1
├─sdb2   8:18   0   1K  0 part
├─sdb5   8:21   0   3G  0 part
├─sdb6   8:22   0   3G  0 part
├─sdb7   8:23   0   3G  0 part
├─sdb8   8:24   0   3G  0 part
└─sdb9   8:25   0   3G  0 part
```

(3) 使用 mdadm 命令组建 RADI 5。

```
[root@centos ~]# mdadm
--create /dev/md0
--level=5
--raid-devices=3
--spare-devices=2 /dev/sdb5 /dev/sdb6 /dev/sdb7 /dev/sdb8 /dev/sdb9
mdadm: Defaulting to version 1.2 metadata
mdadm: array /dev/md0 started
```

① --create：待创建的 RAID 设备名。
② --level：待创建的 RAID 级别。
③ --raid-devices：组建 RAID 硬盘。
④ --spare-devices：备用硬盘数量。

(4) 格式化 md0 的文件系统。

```
[root@centos ~]# mkfs.xfs /dev/md0
meta-data=/dev/md0              isize=512  agcount=8, agsize=195968 blks
         =                      sectsz=512 attr=2, projid32bit=1
         =                      crc=1      finobt=0, sparse=0
data     =                      bsize=4096 blocks=1567744, imaxpct=25
         =                      sunit=128  swidth=256 blks
naming   =version 2            bsize=4096 ascii-ci=0 ftype=1
log      =internal log        bsize=4096 blocks=2560, version=2
         =                      sectsz=512 sunit=8 blks, lazy-count=1
realtime =none                extsz=4096 blocks=0, rtextents=0
```

(5) 查看 md0 的信息。

```
[root@centos ~]# mdadm --detail /dev/md0
/dev/md0:
……省略无用信息……
   Number   Major   Minor   RaidDevice State
      0       8       21       0        active sync   /dev/sdb5
      1       8       22       1        active sync   /dev/sdb6
      5       8       23       2        active sync   /dev/sdb7

      3       8       24       -        spare   /dev/sdb8
      4       8       25       -        spare   /dev/sdb9
```

可以看到，sdb5、sdb6 和 sdb7 正在使用，而 sdb8 和 sdb9 处于备用状态。

(6) 挂载 md0。

```
[root@centos ~]# mkdir /md0
[root@centos ~]# mount /dev/md0 /md0
```

(7) 使用 md0。

```
[root@centos ~]# touch /md0/1.txt
[root@centos ~]# ll /md0/
总用量 0
-rw-r--r-- 1 root root 0 7月  13 18:25 1.txt
```

(8) 当 RAID 中的某块硬盘损坏时，mdadm 会自动使用备用硬盘接替它的工作。用户也可以手动把某块硬盘标记为损坏，让备用硬盘替换它。

```
[root@centos ~]# mdadm /dev/md0 --fail /dev/sdb5
mdadm: set /dev/sdb5 faulty in /dev/md0
```

(9) 再次查看 md0 的信息。

```
[root@centos ~]# mdadm --detail /dev/md0
/dev/md0:
……省略无用信息……
   Number   Major   Minor   RaidDevice State
      4       8       25       0        active sync   /dev/sdb9
      1       8       22       1        active sync   /dev/sdb6
      5       8       23       2        active sync   /dev/sdb7
```

```
          0       8      21        -      faulty   /dev/sdb5
          3       8      24        -      spare    /dev/sdb8
```

可以看到，标记为损坏的 sdb5 被 sdb9 替换了。

(10) 从 md0 中移除损坏的 sdb5。

```
[root@centos ~]# mdadm /dev/md0 --remove /dev/sdb5
mdadm: hot removed /dev/sdb5 from /dev/md0
[root@centos ~]# mdadm --detail /dev/md0
/dev/md0:
……省略无用信息……
    Number   Major   Minor   RaidDevice State
       4       8      25        0      active sync   /dev/sdb9
       1       8      22        1      active sync   /dev/sdb6
       5       8      23        2      active sync   /dev/sdb7

       3       8      24        -      spare     /dev/sdb8
```

可以看到 sdb5 已经被移除了。

(11) 等待 sdb5 修复后，还可以继续加入 md0。

```
[root@centos ~]# mdadm /dev/md0 --add /dev/sdb5
mdadm: added /dev/sdb5
[root@centos ~]# mdadm --detail /dev/md0
/dev/md0:
……省略无用信息……
    Number   Major   Minor   RaidDevice State
       4       8      25        0      active sync   /dev/sdb9
       1       8      22        1      active sync   /dev/sdb6
       5       8      23        2      active sync   /dev/sdb7

       3       8      24        -      spare     /dev/sdb8
       6       8      21        -      spare     /dev/sdb5
```

(12) 停用 md0。

```
[root@centos ~]# umount /dev/md0
[root@centos ~]# mdadm -S /dev/md0
mdadm: stopped /dev/md0
```

注意：
要先卸载，再停用。

本章总结

(1) MBR 分区方案最多支持 4 个主分区或 3 个主分区和 1 个扩展分区，每个分区最多支持 2TB 的容量。GPT 分区方案最多支持 128 个主分区，并且可以支持超过 2TB 的磁盘容量。

(2) 硬盘文件存储在/dev 目录下，通常以 sd 开头，编号从 a 到 p，如 sda、sdb、sdc 等。

(3) 磁盘分区后，必须格式化为指定的文件系统后才能使用。xfs 是 CentOS 7 默认的文件系统。

（4）挂载点是指在 Linux 系统中用于将文件系统与目录关联起来的特定目录。

（5）与磁盘管理相关的命令有 lsblk、blkid、df、fdisk、mkfs、mount 和 unmount，配置文件有/etc/fstabe。

上机练习

上机练习一：磁盘扩容

1. 技能训练点

磁盘扩容操作。

2. 需求说明

（1）为虚拟机添加一块 10G 的磁盘。

（2）新磁盘要求使用 GPT 格式分为 2 个区，一个 4G，一个 6G。

（3）文件系统使用 ext4。

（4）两个分区分别永久挂载到/d 和/e 目录上。

3. 实现步骤

（1）为虚拟机增加一块 10G 的新硬盘，具体操作参考 6.2.1 节，注意调整磁盘大小。

（2）查看新磁盘的信息。

```
[root@centos ~]# lsblk
……省略其他磁盘信息……
sdc              8:32   0   10G  0 disk
```

（3）安装 GPT 分区软件 gdisk。

使用 yum 安装 gdisk 软件。

```
[root@centos ~]# yum install -y gdisk
……省略其他信息……
已安装:
  gdisk.x86_64 0:0.8.10-3.el7
完毕!
```

（4）使用 gdisk 对新磁盘进行分区。

① 使用 gdisk 对/dev/sdc 磁盘进行分区。

```
[root@centos ~]# gdisk /dev/sdc
Command (? for help):
```

② 输入 "?"，查看帮助文档。

```
Command (? for help): ?
b back up GPT data to a file
c change a partition's name
d delete a partition
i show detailed information on a partition
l list known partition types
```

```
n add a new partition
o create a new empty GUID partition table (GPT)
p print the partition table
q quit without saving changes
r recovery and transformation options (experts only)
s sort partitions
t change a partition's type code
v verify disk
w write table to disk and exit
x extra functionality (experts only)
? print this menu
```

③ 输入 n，创建新的分区。

依次填写分区信息，设置编号为 1，存储空间大小为 4G。

```
Command (? for help): n
Partition number (1~128, default 1):
First sector (34~20971486, default = 2048) or {+-}size{KMGTP}:
Last sector (2048~20971486, default = 20971486) or {+-}size{KMGTP}: +4G
Current type is 'Linux filesystem'
Hex code or GUID (L to show codes, Enter = 8300):
Changed type of partition to 'Linux filesystem'
```

④ 输入 n，继续创建新的分区。

依次填写分区信息，设置编号为 2，存储空间大小为 6G。

```
Command (? for help): n
Partition number (2~128, default 2):
First sector (34~20971486, default = 8390656) or {+-}size{KMGTP}:
Last sector (8390656~20971486, default = 20971486) or {+-}size{KMGTP}:
Current type is 'Linux filesystem'
Hex code or GUID (L to show codes, Enter = 8300):
Changed type of partition to 'Linux filesystem'
```

⑤ 输入 p，查看分区信息。

```
Command (? for help): p
……省略其他信息……
Number  Start (sector)    End (sector)  Size        Code  Name
   1         2048          8390655    4.0 GiB     8300  Linux filesystem
   2       8390656        20971486    6.0 GiB     8300  Linux filesystem
```

⑥ 输入 w，保存分区信息，并退出 gdisk 软件。

```
Command (? for help): w

Final checks complete. About to write GPT data. THIS WILL OVERWRITE EXISTING
PARTITIONS!!
Do you want to proceed? (Y/N): y
OK; writing new GUID partition table (GPT) to /dev/sdc.
The operation has completed successfully.
```

⑦ 查看/dev/sdc 分区情况。

```
[root@centos ~]# lsblk /dev/sdc
NAME  MAJ:MIN RM SIZE RO TYPE MOUNTPOINT
sdc     8:32   0  10G  0 disk
├─sdc1  8:33   0   4G  0 part
└─sdc2  8:34   0   6G  0 part
```

(5) 格式化/dev/sdc1 和/dev/sdc2 分区。

```
[root@centos ~]# mkfs.ext4 /dev/sdc1
[root@centos ~]# mkfs.ext4 /dev/sdc2
```

(6) 挂载分区。

① 创建/d 和/e 目录。

```
[root@centos ~]# mkdir /d /e
```

② 查看 sdc1 分区和 sdc2 分区的 UUID。

```
[root@centos ~]# blkid
……省略其他信息……
/dev/sdc1: UUID="0ec009ef-bcd4-48d1-8136-5ea3284bdddb" TYPE="ext4"
PARTLABEL="Linux filesystem" PARTUUID="07cb9444-5275-4748-9374-1d1299d957ff"
/dev/sdc2: UUID="0b74775c-461a-46bf-b0cf-e3107880b420" TYPE="ext4"
PARTLABEL="Linux filesystem" PARTUUID="9f4620d9-8563-4e93-8864-dd96ba841ec0"
```

③ 把以下挂载关系写入/etc/fstab 文件。

```
UUID="0ec009ef-bcd4-48d1-8136-5ea3284bdddb" /d ext4 defaults 0 0
UUID="0b74775c-461a-46bf-b0cf-e3107880b420" /e ext4 defaults 0 0
```

④ 重启服务器,验证是否扩容成功。

上机练习二: 挂载光盘

1. 技能训练点

mount 命令的使用。

2. 需求说明

光盘和 U 盘作为常见的移动存储介质,是服务器之间除了网络以外最常用的数据传输介质。掌握它们的挂载和卸载操作,有助于用户更好地管理和维护服务器。

3. 实现步骤

(1) 查看/mnt 目录。

移动存储介质通常挂载在/mnt 目录下。

```
[root@centos ~]# ls /mnt
```

目前/mnt 目录下无内容。

(2) 在/mnt 目录下创建 cdrom 目录，作为光盘的挂载点。

```
[root@centos ~]# mkdir /mnt/cdrom
```

(3) 挂载光盘/dev/sr0 到/mnt/cdrom 目录。

```
[root@centos ~]# mount /dev/sr0 /mnt/cdrom
mount: /dev/sr0 写保护，将以只读方式挂载
```

挂载的 CentOS-7-x86_64-Minimal-2009.iso 镜像文件本身是写保护的，不能修改。

(4) 查看挂载信息。

```
[root@centos ~]# df -hT
……省略其他信息……
/dev/sr0                iso9660  973M  973M   0 100% /mnt/cdrom
```

(5) 查看光盘里的内容。

```
[root@centos ~]# ls /mnt/cdrom
CentOS_BuildTag GPL       LiveOS    RPM-GPG-KEY-CentOS-7
EFI             images    Packages  RPM-GPG-KEY-CentOS-Testing-7
EULA            isolinux  repodata  TRANS.TBL
```

(6) 卸载光盘。

```
[root@centos ~]# umount /dev/sr0
```

巩固练习

一、选择题

1. 当使用 mount 命令进行设备或者文件系统挂载时，需要用到的设备名称位于(   )目录。
   A. /home   B. /bin   C. /etc   D. /dev

2. 在/etc/fstab 文件中，(   )字段用于指定文件系统的挂载点。
   A. device   B. mountpoint   C. type   D. options

3. 在 Linux 中交换分区的格式为(   )。
   A. ext2   B. ext3   C. fat   D. swap

4. 显示已经挂装的文件系统磁盘使用情况的命令是(   )。
   A. df -h   B. df -i   C. free -h   D. free -i

5. 在 Linux 中格式化分区用的命令是(   )。
   A. mkfs   B. mkdir   C. fdisk   D. mount

二、填空题

1. CentOS 操作系统使用_____命令来查看磁盘分区和使用情况。

2. 磁盘设备文件通常位于_____目录下。

3. 磁盘分区的文件系统可以使用_____命令进行创建。

4. 使用_____命令可以将文件系统挂载到指定的挂载点。

5. 磁盘挂载可以通过编辑_____文件来配置。

三、简答题

1. 简述磁盘分区的格式和区别。
2. 简述磁盘相关文件的存储位置和命名规则。
3. 简述磁盘扩容的流程。

第7章 系统管理

Linux 的系统管理主要是用来管理系统级别的配置和参数，以便用户能够对操作系统的行为进行更细致的控制和管理。本章主要讲述进程管理、防火墙和 SELinux 的相关内容。这些设置是保障系统安全和稳定的重要方面。通过合理的进程管理、配置适当的防火墙规则以及正确使用 SELinux，可以减少系统风险、提高系统的安全性和使用的便捷性。

学习目标

1. 了解进程分类和运行状态。
2. 掌握进程管理的 ps、pgrep、kill 命令。
3. 掌握 systemctl 命令的使用方法。
4. 掌握 firewall 中区域、规则、端口的概念。
5. 掌握关闭 SELinux 的操作方法。

7.1　进程管理

进程是计算机系统中的基本执行单元，是正在执行的程序实例。Linux 中的进程管理是指对计算机系统中正在运行的进程进行管理，包括查看进程、结束进程、管理进程资源等。

7.1.1　进程的分类

CentOS 7 中的进程可以分为前台进程和后台进程两类。

1. 前台进程

前台进程是指当前用户正在交互地使用的进程，即用户当前所在的终端会话正在运行的进程。在前台运行的进程会占用终端，终端上会显示进程的输出和交互信息。

比如，在 5.2.3 节安装的 redis 软件，使用 redis-server 命令启动软件以后，它就独占了终端，在其关闭之前，没有办法在当前终端执行其他操作。这就是一个典型的前台进程。

前台进程独占终端以后，如果想再执行其他操作，也很好解决。只需要在 Xshell 中再新建一个终端，远程登录到 Linux 后操作即可。

2. 后台进程

后台进程是指在后台运行的进程，不会占用当前终端，即使用户退出当前终端，后台进程仍然会继续运行。

例如，本书第 5 章上机练习三中安装的 Tomcat 软件，它启动以后，并没有独占终端窗口，用户还可以继续进行其他操作。这种默默在后台运行的程序就是典型的后台进程。因为它不在前台运行，所以关闭它的时候没法像 redis 一样直接使用 Ctrl+C 组合键关闭，而是使用 shutdown.sh 命令进行关闭。这也是后台进程的一个特点，通常会提供专用的结束进程的命令。

另外，还有一种特殊的后台进程，叫作守护进程(daemon)，它是一种在后台运行的系统服务。它通常在系统启动时启动，常驻内存提供服务，并在系统关闭时停止。以下是几种常见的守护进程。

(1) sshd: SSH 服务进程，提供远程登录和文件传输功能。

(2) crond: 定时任务调度进程，执行系统和用户的计划、任务。

(3) rsyslogd: 系统日志服务进程，负责收集、处理和转发系统日志。

(4) ntpd: 时间同步服务进程，保持系统时间的精确度。

7.1.2　查看进程

CentOS 7 中常用的查看进程命令有 ps 和 top，分别用于静态查看进程和动态查看进程。

1. 静态查看进程

ps 命令是静态查看进程，是捕捉一个进程的某一个瞬间的状态，类似于给进程制作快照。ps 命令常用的选项见表 7-1。

表 7-1 ps 命令常用的选项

选项	说明
-a	显示所有进程，包括后台进程
-u	显示进程的启动者和时间等内容
-e	显示所有进程，包括其他用户启动的进程
-l	信息进程的详细信息，包括运行状态、CPU 使用率、内存使用率等
-x	显示所有进程，包括没有控制终端的进程
-f	显示进程信息，包括父进程 ID(PPID)、运行状态等
-o	自定义输出格式

ps 命令的选项比较多，常用的组合有 aux、ef、和 axo 等。

案例 7-1：使用 ps aux 命令查看所有进程的启动信息。

```
[root@centos ~]# ps aux
USER       PID %CPU %MEM    VSZ   RSS TTY      STAT START   TIME COMMAND
root         1  0.0  0.3 125360  3808 ?        Ss   17:15   0:01 /usr/lib/sy
root         2  0.0  0.0      0     0 ?        S    17:15   0:00 [kthreadd]
root         4  0.0  0.0      0     0 ?        S<   17:15   0:00 [kworker/0:
root         5  0.0  0.0      0     0 ?        S    17:15   0:00 [kworker/u2
root         6  0.0  0.0      0     0 ?        S    17:15   0:00 [ksoftirqd/
root         7  0.0  0.0      0     0 ?        S    17:15   0:00 [migration
……省略更多……
```

ps aux 命令每列显示的数据的意义见表 7-2。

表 7-2 ps aux 命令每列显示的数据的意义

列名	说明
USER	运行进程的用户
PID	进程 ID
%CPU	CPU 占用率
%MEN	内存占用率
VSZ	虚拟内存占用量(KB)
RSS	实际内存占用量(KB)
TTY	进程运行的终端
STAT	进程的状态： R 表示运行 S 表示可中断休眠 D 表示不可中断休眠 T 表示停止的进程 Z 表示僵死的进程 X 表示死掉的进程
TIME	进程累计占用 CPU 时间
COMMAND	进程启动的命令

进程在执行过程中的状态可以分为以下几种。

(1) 运行态(running)：进程正在执行或等待 CPU 执行。

(2) 就绪态(runnable)：进程已经准备好，正在等待分配给 CPU 执行。

(3) 等待态(waiting)：又称为阻塞态(blocked)或睡眠态(sleep)，进程因为某种原因而等待某些条件满足，如等待磁盘 I/O 完成、等待网络数据到达、等待锁等。

(4) 僵尸态(zombie)：进程已经终止，但是父进程还没有回收该进程的资源，因此该进程仍然存在，但是不再运行。

(5) 停止态(stopped)：进程已经被暂停，如当进程收到 SIGSTOP、SIGTSTP、SIGTTIN、SIGTTOU 信号时，就会被暂停。

进程状态的变化是一个循环过程，即就绪→运行→阻塞→就绪，如图 7-1 所示。僵尸态和停止态位于循环之外，需要人为介入才能产生。

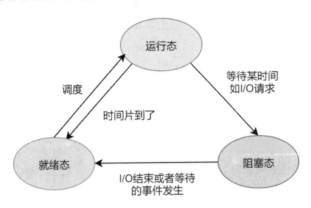

图 7-1　进程状态间转化

一般情况下，aux 显示的内容并不全都是用户需要的。有时为了快速查找，需要显示的内容简洁并有针对性，那么用户可以使用以下两种方式实现。

案例 7-2：查看进程的一些基础信息。

```
[root@centos ~]# ps -ef
UID        PID   PPID C STIME TTY          TIME CMD
root         1      0 0 17:15 ?        00:00:01 /usr/lib/systemd/systemd --
root         2      0 0 17:15 ?        00:00:00 [kthreadd]
root         4      2 0 17:15 ?        00:00:00 [kworker/0:0H]
root         5      2 0 17:15 ?        00:00:00 [kworker/u256:0]
root         6      2 0 17:15 ?        00:00:00 [ksoftirqd/0]
root         7      2 0 17:15 ?        00:00:00 [migration/0]
```

在一个操作系统中，每个进程都有一个唯一的进程 ID(PID)，用于标识和区分不同的进程。每个进程(除了 init 进程)都有一个父进程，而父进程是创建该进程的进程。

案例 7-3：使用 o 选项自定义输出的内容，只查看进程的 PID、CPU、MEM 和 COMMAND 信息。

```
[root@centos ~]# ps axo pid,%cpu,%mem,cmd
  PID %CPU %MEM CMD
    1  0.0  0.3 /usr/lib/systemd/systemd --switched-root --system --deserial
    2  0.0  0.0 [kthreadd]
```

```
4  0.0  0.0 [kworker/0:0H]
5  0.0  0.0 [kworker/u256:0]
6  0.0  0.0 [ksoftirqd/0]
7  0.0  0.0 [migration/0]
```

下面介绍几种常用的查看指定名称的进程 PID 的方法。

案例 7-4：查看进程的 PID。

(1) 使用 cat 命令。

```
[root@centos ~]# cat /run/sshd.pid
1033
```

(2) 使用 pidof 命令。

```
[root@centos ~]# pidof sshd
1033
```

(3) 使用 pgrep 命令。

根据关键词搜索进程 ID，可能会有多个结果。

```
[root@centos ~]# pgrep -f sshd
1033
```

2. 动态查看进程

top 命令可以实时、动态地显示进程相关信息，类似于 Windows 系统中的任务管理器。

案例 7-5：使用 top 命令查看进程动态信息。

```
[root@centos ~]# top
top - 20:28:22 up 3:13,  1 user,  load average: 0.00, 0.01, 0.05
Tasks:  95 total,   1 running,  94 sleeping,   0 stopped,   0 zombie
%Cpu(s):  0.0 us,  0.0 sy,  0.0 ni,100.0 id,  0.0 wa,  0.0 hi,  0.0 si,  0.0
KiB Mem :  995748 total,  734064 free,  156020 used,  105664 buff/cache
KiB Swap: 2097148 total, 2097148 free,       0 used.  711628 avail Mem

  PID USER      PR  NI    VIRT    RES    SHR S %CPU %MEM     TIME+ COMMAND
 1750 root      20   0       0      0      0 S  0.3  0.0   0:01.55 kworker+
    1 root      20   0  125360   3808   2588 S  0.0  0.4   0:01.43 systemd
    2 root      20   0       0      0      0 S  0.0  0.0   0:00.00 kthreadd
    4 root       0 -20       0      0      0 S  0.0  0.0   0:00.00 kworker+
    5 root      20   0       0      0      0 S  0.0  0.0   0:00.44 kworker+
    6 root      20   0       0      0      0 S  0.0  0.0   0:00.14 ksoftir+
    7 root      rt   0       0      0      0 S  0.0  0.0   0:00.00 migrati+
    8 root      20   0       0      0      0 S  0.0  0.0   0:00.00 rcu_bh
    9 root      20   0       0      0      0 S  0.0  0.0   0:00.72 rcu_sch+
   10 root       0 -20       0      0      0 S  0.0  0.0   0:00.00 lru-add+
```

打印出的进程信息分为上下两部分：上半部分为进程的整体信息，下半部分为每一个进程的详细信息。系统默认更新时间为 3 秒，也可以按回车键立即更新。

上半部分前 5 行为进程和系统的全局摘要信息，具体如下所示。

(1) 当前时间和运行时间：显示当前系统时间和系统已经运行的时间。

(2) 系统负载信息：显示系统在过去 1、5、15 分钟内的平均负载情况。一般来说，负载小于 CPU 数量的 2 倍是比较好的。

(3) 进程信息：显示总进程数、运行中的进程数、休眠中的进程数、停止的进程数、僵尸进程数等信息。

(4) CPU 信息：显示总 CPU 使用率、用户态 CPU 使用率、系统态 CPU 使用率、空闲 CPU 使用率、等待输入输出的 CPU 使用率等。

(5) 内存信息：显示总内存、已用内存、剩余内存、缓存大小、Swap 区大小、已用 Swap 大小、剩余 Swap 大小等信息。

下半部分是当前系统中各个进程的详细信息，包括进程 ID、CPU 占用率、内存占用率、进程状态、运行时间、命令等。这部分信息默认按照 CPU 占用率排序，可以通过按下不同的键进行排序，具体操作方式如下。

(1) P：根据 CPU 使用率进行排序。

(2) M：根据内存使用率进行排序。

(3) N：根据 PID 进行排序。

(4) T：根据运行时间进行排序。

(5) Q：退出 top 命令。

注意：

这里一定要使用大写字母。

7.1.3　启动进程

在 CentOS 7 中启动进程有以下几种方式。

(1) 直接在命令行执行可执行文件。这种方式启动的进程会继承当前终端的环境变量等信息，关闭终端后前台进程会被关闭。

(2) 使用 nohup 命令启动进程。这种方式启动的进程会在后台运行，并且不会因为当前 Xshell 的关闭而停止运行。

案例 7-6：后台启动 redis。

(1) 后台启动 redis 软件。

```
[root@centos ~]# nohup redis-server &
[1] 1869
[root@centos ~]# nohup: 忽略输入并把输出追加到"nohup.out"后
```

nohup.out 文件会在当前执行命令的目录下生成。

(2) 搜索 redis 的进程 ID。

```
[root@centos ~]# pgrep -f redis
1786
```

(3) 关闭当前 Xshell 会话，新建一个 Xshell 会话，远程登录到 Linux。

(4) 搜索 redis 的进程 ID。

```
[root@centos ~]# pgrep -f redis
1786
```

仍然可以搜索到，说明进程没有随着前一个终端的关闭而关闭。

注意：

nohup 使用的时候，通常会在命令最后追加一个 "&" 符号，不要忽略了。

7.1.4 终止进程

在进程运行过程中，若由于某些原因需要主动终止该进程，那么用户可以给予该进程一个信号(signal)，进程接收到信号之后，就会依照信号的要求做出相应的反应。

1. kill 命令

使用 kill 命令可以发送信号给指定的进程，常用的信号有 SIGTERM 和 SIGKILL。其中，SIGTERM 会在终止进程前向其发送一个终止信号，而 SIGKILL 则会强制终止进程。

要终止进程号为 1234 的进程，命令如下。

```
[root@centos ~]# kill 1234
```

如果需要强制终止进程，可以使用-9 选项，命令如下。

```
[root@centos ~]# kill -9 1234
```

2. killall 命令

killall 命令可以用于终止某个指定名称的服务所对应的全部进程。例如，使用 killall 命令终止所有的 httpd 服务进程，具体如下。

```
[root@centos ~]# killall httpd
[root@centos ~]# pidof httpd
```

需要注意的是，使用 killall 命令会将所有匹配到的进程全部杀死，包括不属于当前用户的进程。因此，在使用 killall 命令时一定要小心，确认要杀死的进程名是正确的，避免误杀其他重要进程。

案例 7-7：终止后台运行的 redis 程序。

(1) 查询 redis 程序的 PID。

```
[root@centos ~]# pgrep -f redis
1786
```

(2) 关闭 redis 进程。

```
[root@centos ~]# kill -9 1869
```

(3) 查询 redis 程序的 PID。

```
[root@centos ~]# pgrep -f redis
[1]+ 已杀死                 nohup redis-server
```

可以看到，redis 进程已被杀死，程序被关闭。

7.1.5 暂停和恢复进程

暂时不用的进程除了可以被终止以外，还可以被暂停，等到需要使用的时候再恢复即可。在

CentOS 7 中，可以使用 kill 命令的-STOP 和-CONT 选项实现进程的暂停和恢复。

暂停 PID 为 1234 的进程命令如下。

```
[root@centos ~]# kill -STOP 1234
```

恢复 PID 为 1234 的进程命令如下。

```
[root@centos ~]# kill -CONT 1234
```

需要注意的是，暂停进程后，该进程的状态会变成停止(T)状态，而不是暂停(S)状态。恢复进程后，进程的状态会变成运行(R)状态。

案例 7-8：暂停和恢复后台运行的 redis 程序。

(1) 后台运行 redis 程序。

```
[root@centos ~]# nohup redis-server &
```

(2) 查看 reids 进程的 PID。

```
[root@centos ~]# pgrep -f redis
1884
```

(3) 暂停 redis 进程。

```
[root@centos ~]# kill -STOP 1884
```

(4) 查看 redis 进程的状态。

```
[root@centos ~]# ps -o stat= -p 1884
Tl
[1]+  已停止                nohup redis-server
```

可以看到，redis 处于 Tl 状态。

(5) 恢复 redis 进程。

```
[root@centos ~]# kill -CONT 1884
```

(6) 查看 redis 进程的状态。

```
[root@centos ~]# ps -o stat= -p 1884
Sl
```

可以看到，redis 处于 Sl 状态。

7.1.6　更改进程优先级

在系统资源紧张的情况下，可以通过调整进程的优先级来确保某些进程能够获得足够的资源。renice 命令更改进程的优先级，格式如下。

```
renice priority [-p] pid [pid...]
```

其中，priority 是一个数字，表示要为进程设置的新优先级，取值范围是-20(高优先级)到 19(低优先级)。-p 选项表示紧随其后的是 PID，可以指定多个 PID。

案例 7-9：调整 redis 程序的优先级。

(1) 查看 redis 进程的优先级。

```
[root@centos ~]# ps -o ni -p 1884
 NI
  0
```

可以看到，默认优先级是 0，处于中间水平。

(2) 调整 redis 进程的优先级。

```
[root@centos ~]# renice -20 -p 1884
1884 (进程 ID) 旧优先级为 0，新优先级为 -20
```

(3) 查看调整后 redis 进程的优先级。

```
[root@centos ~]# ps -o ni -p 1884
 NI
-20
```

可以看到，调整成功。

需要注意的是，更改进程优先级需要 root 权限。

7.1.7 进程的前后台转换

在 CentOS 中，可以使用 Ctrl+Z 组合键将前台正在运行的进程放到后台，并且暂停它的执行。这通常用于暂停某个正在执行的程序，然后去执行另一个命令或程序，待另一个程序执行完毕后再回到刚才的程序进行操作。如果需要暂停的进程在后台继续执行，那么可以在放入后台后使用 bg 命令使其继续执行。

用户可以使用 jobs 命令查看当前所有后台任务，并使用 fg 命令将某个后台任务切换到前台，继续执行。如果有多个后台任务，则可以使用 "%" 加任务号将指定任务切换到前台，如 %1 表示将任务号为 1 的任务切换到前台。

需要注意的是，对于某些进程，可能无法直接使用 bg 或 fg 进行前后台的转换。例如，如果一个进程被设置为 "停止" 状态，那么它就无法通过 bg 转移到后台，必须使用 kill 或其他相关命令进行操作。

案例 7-10：redis 进程的前后转换。

(1) 查看后台任务。

```
[root@centos ~]# jobs
[1]+  运行中              nohup redis-server &
```

目前只有 redis 进程在后台运行。

(2) 将 reids 进程切换到前台。

```
[root@centos ~]# fg
nohup redis-server
```

注意：

左下角的命令提示符消失了，说明 reids 程序正在前台运行，只有等它关闭了，才能让出终端给其他命令使用。

(3) 将 redis 进程放到后台。

按下 Ctrl+Z 组合键。

```
[1]+  已停止              nohup redis-server
```

(4) 查看 redis 进程的状态。

```
[root@centos ~]# ps -o stat= -p 1884
T<l
```

可以看到，redis 进程处于停止状态。

(5) 让 redis 进程在后台执行。

```
[root@centos ~]# bg
[1]+ nohup redis-server &
```

(6) 再次查看 redis 进程的状态。

```
[root@centos ~]# ps -o stat= -p 1884
S<l
```

可以看到 redis 进程恢复运行状态。

(7) 终止 redis 进程。

```
[root@centos ~]# kill -9 1884
```

7.2 systemd

systemd 是一种用于启动、管理和监控 Linux 系统中的进程和服务的初始化系统。

7.2.1 systemctl 的基础用法

systemctl 是一个用于管理 systemd 系统和服务的命令行工具，格式如下。

```
systemctl [选项] [服务名]
```

systemctl 命令常用的选项见表 7-3。

表 7-3 systemctl 命令常用的选项

选项	说明
start	启动服务
stop	关闭服务
restart	重启服务
status	查看服务状态
enable	设置服务开机自启动
disable	禁止服务开机自启动

案例 7-11：使用 systemctl 管理网络服务。

(1) 查看网络服务状态。

```
[root@centos ~]# systemctl status network
● network.service - LSB: Bring up/down networking
  Loaded: loaded (/etc/rc.d/init.d/network; bad; vendor preset: disabled)
  Active: active (exited) since 四 2023-07-13 16:47:36 CST; 4h 42min ago
    Docs: man:systemd-sysv-generator(8)
……省略其他内容……
```

绿色的 active (exited)表明该服务正处于运行状态。

(2) 关闭网络服务。

```
[root@centos ~]# systemctl stop network
```

关闭网络服务后，远程连接也随之断开了。

(3) 启动网络服务。

去虚拟机服务器里启动网络服务。

```
[root@centos ~]# systemctl start network
```

启动成功后，再次使用 Xshell 远程登录。

7.2.2 自定义 systemd

除了系统的服务和程序以外，用户自己安装程序也能加入 systemd。与 systemd 相关的配置文件存储在/etc/systemd/system 目录下。

案例 7-12：查看网络服务的 systemd 配置文件。

```
[root@centos ~]# cat dbus-org.freedesktop.nm-dispatcher.service
[Unit]
Description=Network Manager Script Dispatcher Service

[Service]
Type=dbus
BusName=org.freedesktop.nm_dispatcher
ExecStart=/usr/libexec/nm-dispatcher

# We want to allow scripts to spawn long-running daemons, so tell
# systemd to not clean up when nm-dispatcher exits
KillMode=process

[Install]
Alias=dbus-org.freedesktop.nm-dispatcher.service
```

整个配置文件可以分为如下三个部分。

(1) [Unit] 部分：设置服务的元数据，如描述、依赖关系等。

(2) [Service] 部分：指定要运行的程序和参数，设置工作目录、环境变量等。

(3) [Install] 部分：定义服务的启动级别和依赖关系。

用户只需要按照这个格式编写一份 service 配置文件，即可把自己安装的软件加入 systemd，接受 systemctl 命令的控制。

案例 7-13： 把 Tomcat 软件加入 systemd。

(1) 编写/etc/systemd/system/tomcat.service 配置文件。

```
[root@centos ~]# vi /etc/systemd/system/tomcat.service
```

内容如下。

```
[Unit]
Description=Tomcat8                                          # 描述信息
After=syslog.targetnetwork.target remote-fs.target nss-lookup.target  # 在哪些服
务后启动

[Service]
Type=forking                                                # 主线程启动服务，子线程执行功能
Environment=JAVA_HOME=/opt/jdk                              # 设置 jdk 的环境变量
ExecStart=/opt/tomcat/bin/startup.sh                        # 启动命令
ExecReload=/opt/tomcat/bin/startup.sh restart              # 重启命令
ExecStop=/opt/tomcat/bin/shutdown.sh                       # 关闭命令
Restart=no                                                  # 程序意外退出后不自动重启

[Install]
WantedBy=multi-user.target                                  # 在系统启动后自启动
```

(2) 重新加载 systemd 的配置文件。

```
[root@centos ~]  # systemctl daemon-reload
```

(3) 启动 Tomcat。

```
[root@centos ~]  # systemctl start tomcat
```

(4) 查看 Tomcat 的状态。

```
[root@centos ~]  # systemctl status tomcat
   tomcat.service - Tomcat8
   Loaded: loaded (/etc/systemd/system/tomcat.service; disabled; vendor preset:
disabled)
   Active: active (running) since 五 2023-07-14 14:19:04 CST; 2min 54s ago
……省略其他内容……
```

可以看到，Tomcat 服务已经启动了。

(5) 把 Tomcat 服务加入开机自启动。

```
[root@centos ~]# systemctl enable tomcat
Created symlink from /etc/systemd/system/multi-user.target.wants/tomcat.service
to /etc/systemd/system/tomcat.service.
```

可以看到，设置开机自启动就是在/etc/systemd/system/multi-user.target.wants/目录中为 service 文件创建一个链接文件。

(6) 取消 Tomcat 软件的开机自启动。

```
[root@centos ~]# systemctl disable tomcat
Removed symlink /etc/systemd/system/multi-user.target.wants/tomcat.service.
```

可以看到，删除刚刚创建的链接文件，即可取消开机自启动。

以上就是自定义 systemd 服务的流程。

7.3 防火墙

防火墙是用于网络安全管理的软件或硬件设备，是一种保护数据和信息安全的技术。它会在计算机的内网和外网之间构建一道相对隔离的保护屏障。防火墙是 Linux 中重要的安全工具之一，可以提供网络安全的防护功能。

7.3.1 firewall 简介

CentOS 7 中的防火墙由 nftables 和 iptables、firewall 两部分组成。nftables 是 Linux 内核中的一种防火墙架构，通过一种简单灵活的方式来进行网络流量过滤和网络地址转换。iptables 和 firewall 则是基于 nftables 构建的一种防火墙前端管理工具，它提供了一种易于使用的方式来管理 nftables 的规则集合。iptables 是 CentOS 7 之前的版本使用的防火墙管理工具，而 firewall 则是 CentOS 7 新增的防火墙管理工具。当然，用户也可以继续在 CentOS 7 中使用 iptables，它并没有被移除。通过 iptables 或 firewall，用户可以轻松地创建、修改和删除防火墙规则。

1. 防火墙规则

在 firewalld 中，防火墙规则由以下几个部分构成。

(1) 服务(service)。服务是一组预定义的规则，用于允许或拒绝特定服务或应用程序的流量。例如，HTTP、FTP、SSH 等服务都有各自的规则。

(2) 端口(port)。端口是应用程序或服务使用的数字标识符，用于标识网络上的应用程序或服务。firewalld 使用端口来识别和过滤网络流量。

(3) 区域(zone)。区域是预定义的一组规则，定义了与特定网络位置(如公共 Wi-Fi 网络、家庭网络、办公室网络等)相关的安全级别。每个区域都有自己的默认规则集，用于控制入站流量和出站流量。

2. 区域

区域是 firewalld 中最重要的概念，它规定了与特定安全区域相关联的安全策略。用户可以通过切换区域，实现防火墙策略的快速切换。比如，用户可以设置一个家庭区域，允许所有的网络访问；设置一个学校区域，禁止游戏的网络访问；设置一个商场区域，只允许浏览网页。那么，当用户身处不同的场景时，就可通过切换到对应的区域，实现防火墙对网络服务的过滤。

firewalld 中已经内置了许多区域，它们的应用场景如下。

(1) public：公共域，适用于公共网络，如一个咖啡馆或公共图书馆的 Wi-Fi 网络。

(2) private：私有域，适用于用户信任的本地网络，如家中或办公室的网络。

(3) internal：内部域，适用于用户信任的内部网络。

(4) external：外部域，适用于用户信任的外部网络，如云提供商的虚拟专用网络(VPN)。

(5) dmz：半信任域，适用于放置不受信任的服务器的网络。

用户可以根据所处的网络选择不同的域。当用户将防火墙规则分配到特定区域时，这些规则只会对该区域中的网络连接生效。

这些区域的划分更多的是针对个人移动计算机，而且是建议性的，用户完全可以为自己的服务器建立一个更适合自己的区域规则。

3. 规则类型

在 CentOS 7 中，防火墙规则可以分为 runtime 和 permanent 两种类型。

(1) runtime 规则是临时规则，只在运行时有效，一旦系统重启，这些规则就会被清空。这种规则适用于需要临时允许或拒绝特定的网络流量的情况。当用户需要快速更改网络设置并测试时，可以使用 runtime 规则。

(2) permanent 规则是永久规则，保存在配置文件中，并在系统重启后重新加载。这种规则适用于需要长期保持的规则，如允许某个端口的流量通过或者阻止某些 IP 地址的流量。如果用户需要长期保持某些规则，可以使用 permanent 规则。

7.3.2 管理 firewall 的命令

firewall 作为系统内置的软件，它的启动与关闭是受 systemctl 管理的。firewall 对应的服务名叫作 firewalld，最后这个 d 是 daemon(守护进程)的简写，所有命令如下。

(1) 启动 firewalld 服务：systemctl start firewalld。

(2) 关闭 firewalld 服务：systemctl stop firewalld。

(3) 重启 firewalld 服务：systemctl restart firewalld。

(4) 查看 firewalld 服务：systemctl status firewalld。

(5) 设置 firewalld 服务开机自启：systemctl enable firewalld。

(6) 禁止 firewalld 服务开机自启：systemctl disabe firewalld。

firewall 用来管理规则的命令是 firewall-cmd，它常用的选项见表 7-4。

表 7-4　firewall-cmd 命令常用的选项

选项	说明
--get-default-zone	查看默认区域
--get-active-zones	查看当前活动的区域
--set-default-zone	设置默认区域为指定的区域
--list-all-zones	列出所有可用的区域及其规则
--get-services	列出所有可用的服务
--add-service	将指定的服务添加到防火墙规则中
--remove-service	从防火墙规则中移除指定的服务
--list-ports	列出所有打开的端口
-add-port	打开指定的端口
--remove-port	关闭指定的端口
--reload	重新加载防火墙规则
--permanent	指定永久生效的规则
--runtime-to-permanent	将临时规则转换为永久规则

7.3.3 使用 firewall 管理区域

管理区域相关的命令包括查看当前使用的区域、查看本机所有区域、设置当前区域等。

案例 7-14：查看当前使用的区域。

```
[root@centos ~]# firewall-cmd --get-default-zone
public
```

案例 7-15：查看本机所有区域。

```
[root@centos ~]# firewall-cmd --get-zones
block dmz drop external home internal public trusted work
```

案例 7-16：设置当前区域为 home。

```
[root@centos ~]# firewall-cmd --set-default-zone=home
Success
```

7.3.4 使用 firewall 管理规则

规则管理相关的命令包括添加规则、移除规则和查询规则等。

1. 添加规则

添加规则的命令如下。

```
firewall-cmd [--zone=<zone>] [--permanent] [--add-service=<service>]
[--add-port=<port>/<protocol>]
```

各选项的作用如下。

(1) --zone：指定作用的区域。

(2) --permanent：指定为永久规则，需要重启系统或者重载防火墙规则才能生效。

(3) --add-service：指定添加服务。

(4) --add-port：指定添加端口。

案例 7-17：在 public 区域开放 tcp 协议的 8080 端口。

8080 端口是 Tomcat 的默认端口，防火墙开启了这个端口，用户就可以在本地访问服务器上的 Tomcat 网页。

(1) 添加开放 8080 端口的规则。

```
[root@centos ~]# firewall-cmd --zone=public --add-port=8080/tcp --permanent
Success
```

(2) 重新加载防火墙配置文件。

```
[root@centos ~]# firewall-cmd --reload
success
```

(3) 在浏览器中输入 "http:服务器 IP:8080"，访问 Tomcat，如图 7-2 所示。

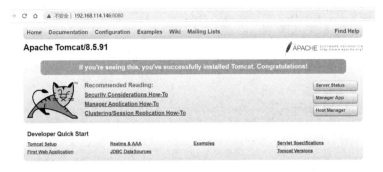

图 7-2　Tomcat 的首页

案例 7-18：在当前区域开放 tcp 协议的 65001，65002，65003，…，65010 端口。

这几个端口是 ftp 服务常用的端口。

(1) 添加开放端口的规则。

```
[root@centos ~]# firewall-cmd --zone=public --add-port=65001-65010/tcp
--permanent
   Success
```

可以使用范围表示法表示多个连续的端口。

(2) 重新加载防火墙配置文件。

```
[root@centos ~]# firewall-cmd --reload
success
```

(3) 查看开放的端口。

```
[root@centos ~]# firewall-cmd --list-port
8080/tcp 65001-65010/tcp
```

案例 7-19：在 home 区域开放 ftp 服务。

(1) 添加 ftp 服务。

```
[root@centos ~]# firewall-cmd --zone=home --add-service=ftp --permanent
Success
```

(2) 重新加载防火墙配置文件。

```
[root@centos ~]# firewall-cmd --reload
success
```

(3) 查看 home 区域开放的服务。

```
[root@centos ~]# firewall-cmd --zone=home --list-service
dhcpv6-client ftp mdns samba-client ssh
```

2. 移除规则

移除规则和添加规则类似，使用--remove-service 或--remove-port 参数。

案例 7-20：将 8080 端口从 public 区域中移除。

(1) 从防火墙中移除 8080 端口。

```
[root@centos ~]# firewall-cmd --zone=public --remove-port=8080/tcp --permanent
Success
```

(2) 重新加载防火墙配置文件。

```
[root@centos ~]# firewall-cmd --reload
success
```

3. 查询规则

案例 7-21：列出所有规则。

```
[root@centos ~]# firewall-cmd --list-all
home (active)
  target: default
  icmp-block-inversion: no
  interfaces: ens33
  sources:
  services: dhcpv6-client ftp mdns samba-client ssh
  ports: 65001-65010/tcp
  protocols:
  masquerade: no
  forward-ports:
  source-ports:
  icmp-blocks:
  rich rules:
```

案例 7-22：查询 home 区域的规则。

```
[root@centos ~]# firewall-cmd --list-all --zone=home
public
  target: default
  icmp-block-inversion: no
  interfaces:
  sources:
  services: dhcpv6-client ftp ssh
  ports: 30060-30090/tcp
  protocols:
  masquerade: no
  forward-ports:
  source-ports:
  icmp-blocks:
  rich rules:
```

案例 7-23：查询 ftp 服务在 public 区域中是否被允许。

```
[root@centos ~]# firewall-cmd --zone=public --query-service=ftp
no
```

案例 7-24：查询 8080 端口在当前区域是否被允许。

```
[root@centos ~]# firewall-cmd --query-port=8080/tcp
no
```

7.4 SELinux

SELinux(Security-Enhanced Linux)是一个强制访问控制(MAC)安全机制，用于增强 Linux 操作系统的安全性。它提供了更细粒度的访问控制和强制执行，帮助保护 Linux 操作系统免受恶意软件、入侵和数据泄露等威胁。

尽管 SELinux 是一个强大的安全增强工具，但它也有缺点。

(1) 复杂性。SELinux 的配置和管理相对复杂，需要用户具有一定的专业知识和经验。对于初学者来说，可能需要花费一些时间来学习和理解 SELinux 的工作原理和配置选项。

(2) 易错性。由于 SELinux 的严格访问控制机制，错误的配置或规则可能会导致正常操作受阻，甚至会引发系统故障。管理员在进行 SELinux 配置时需要小心谨慎，确保规则和策略的正确性。

(3) 兼容性。一些应用程序可能与 SELinux 的严格访问控制机制不兼容，导致应用无法正常运行或无法访问所需的资源。在这种情况下，管理员可能需要进行额外的配置或调整，以确保应用程序与 SELinux 兼容。

(4) 日志和故障排查。SELinux 生成的日志非常详细，但对于不熟悉 SELinux 的用户来说，可能需要花费很长时间来解释和分析这些日志，以进行故障排查。

(5) 学习曲线。由于 SELinux 的复杂性和技术要求，对于不熟悉 SELinux 的管理员来说，需要投入一定的时间和精力学习和理解 SELinux，这是一个艰巨的挑战。

对于 SELinux 的这些缺陷中，兼容性最为严重，一些常用的服务器软件在开启 SELinux 的状态下都无法运行。因此，大部分程序员都会选择关闭 SELinux，通过其他手段来弥补其带来的安全损失。

案例 7-25：关闭 SELinux。

(1) 查看当前 SELinux 的状态。

```
[root@centos ~]# sestatus
SELinux status:              enabled
……省略其他内容……
```

(2) 临时关闭 SELinux。

```
[root@centos ~]# setenforce 0
```

如果需要再次启用，把参数改为 1 即可。

(3) 永久关闭 SELinux。

编辑/etc/selinux/config 配置文件。

```
[root@centos ~]# vi /etc/selinux/config
```

修改第 7 行为 SELINUX=disabled，如图 7-3 所示。这样即使重启，SELinux 也不会再启动了。

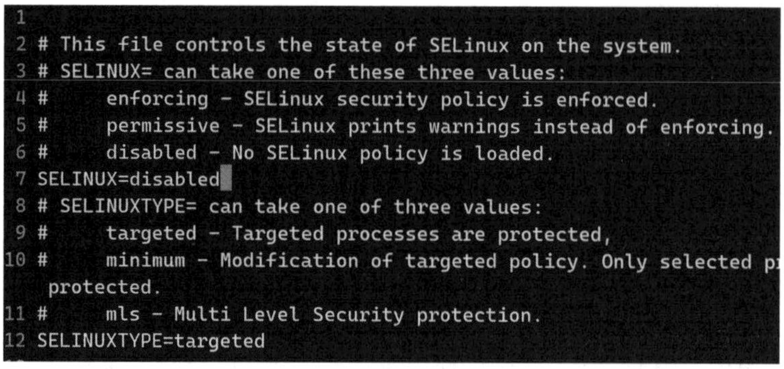

```
# This file controls the state of SELinux on the system.
# SELINUX= can take one of these three values:
#     enforcing - SELinux security policy is enforced.
#     permissive - SELinux prints warnings instead of enforcing.
#     disabled - No SELinux policy is loaded.
SELINUX=disabled
# SELINUXTYPE= can take one of three values:
#     targeted - Targeted processes are protected,
#     minimum - Modification of targeted policy. Only selected p
 protected.
#     mls - Multi Level Security protection.
SELINUXTYPE=targeted
```

图 7-3　永久关闭 SELinux

本章总结

(1) 进程可以分为前台进程和后台进程两类。另外，还有一种特殊的后台进程叫作守护进程。

(2) ps 命令是静态查看进程，常用的选项有 aux、ef、o。

(3) kill 命令可以终止进程，强制终止使用-9 选项。

(4) systemctl 是一个用于管理 systemd 系统和服务的命令行工具。

(5) 防火墙程序 firewall 的服务名叫作 firewalld，可以使用 systemctl 进行管理。

(6) 出于兼容性考虑，大部分程序员都会选择关闭 SELinux。

上机练习

上机练习：升级 openssh 服务

1. 训练的技能点

(1) systemctl 命令的使用。

(2) yum 命令的使用。

(3) 综合技能训练。

2. 需求说明

漏洞扫描显示 Linux 服务器 openssh 有高危漏洞，需要进行修复。openssh 是远程登录到 Linux 服务器的重要工具，要修复此漏洞需升级到最高版本。

3.实现思路

openssh 与 Linux 默认的远程登录方式有关，因此在升级期间会导致默认的远程登录不可用，而在真实场景下，管理员又不可能去服务器物理机上操作。因此，用户需要使用 telnet 软件代替 openssh 实现远程登录。telnet 是一种明文协议，所有的数据(包括用户名和密码)都以明文形式传输，所以只能临时代替 openssh 使用。

　　利用 telnet 远程登录服务器后，卸载老旧的 openssh 软件，然后安装最新版本的 openssh 软件。最后，还要做好升级失败的回退工作，确保即使升级失败，老旧的 openssh 服务仍然可用。

　　(1) 查看 openssh 版本号。

```
[root@centos ~]# ssh -V
OpenSSH_7.4p1, OpenSSL 1.0.2k-fips  26 Jan 2017
```

　　默认的 openssh 是 7.4p1 的版本，属于已过时的版本，很不安全。

　　(2) 使用 telnet 远程登录服务器。

　　① 使用 yum 安装 telnet-server、telnet 和 xinetd 软件。

```
[root@centos ~]# yum install -y telnet-server telnet xinetd
已安装:
  telnet.x86_64 1:0.17-66.el7    telnet-server.x86_64 1:0.17-66.el7
  xinetd.x86_64 2:2.3.15-14.el7
完毕!
```

　　② 新建 telnet 配置文件。

```
[root@centos ~]# vi /etc/xinetd.d/telnet
```

　　内容如下。

```
service telnet
{
    flags = REUSE
    socket_type = stream
    wait = no
    user = root
    server = /usr/sbin/in.telnetd
    log_on_failure += USERID
    disable = no
}
```

　　③ 修改/etc/pam.d/remote 配置文件，允许 root 用户远程登录。

```
[root@centos ~]# vi /etc/pam.d/remote
```

　　在第 2 行前边加 "#"，如图 7-4 所示。

图 7-4　修改/etc/pam.d/remote 配置文件

　　④ 启动 telnet 和 xinetd 服务。

```
[root@centos ~]# systemctl start telnet.socket
[root@centos ~]# systemctl start xinetd
```

　　⑤ 新打开一个 Xshell 会话窗口，不要连接服务器，如图 7-5 所示。

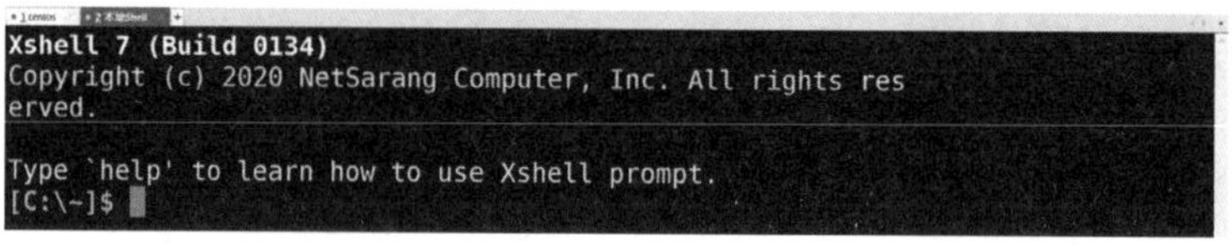

图 7-5　Xshell 默认会话窗口

⑥ 使用 telnet 远程登录服务器，如图 7-6 所示。

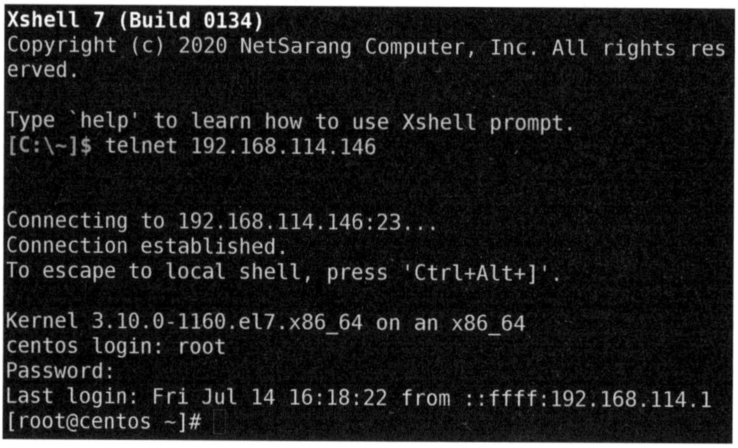

图 7-6　使用 telnet 远程登录服务器

至此，使用 telnet 远程登录操作成功。

(3) 卸载 openssh 服务。

① 查看 openssh 相关的软件。

```
[root@centos ~]# rpm -qa openssh
openssh-7.4p1-21.el7.x86_64
```

② 卸载 openssh 软件。

```
[root@centos ~]# rpm -e openssh-7.4p1-21.el7.x86_64
```

卸载后，Xshell 中还未断开的 openssh 远程登录窗口还可以继续使用，但是新建的就无法登录了。

③ 移除 openssh 目录。

```
[root@centos openssh-9.3p1]# rm -rf /etc/ssh/
```

(4) 安装最新版本的 openssh。

① 下载 openssh 源代码压缩包。

```
wget https://cdn.openbsd.org/pub/OpenBSD/OpenSSH/portable/openssh-9.3p1.tar.gz
```

openssh-9.3p1.tar.gz 就是下载的 openssh 源代码压缩包。

② 解压缩源代码压缩包。

```
[root@centos ~]# tar -xvf openssh-9.3p1.tar.gz
```

openssh-9.3p1 就是解压后的目录。

③ 安装编译的依赖软件。

```
yum install -y gcc pam-devel rpm-build wget zlib-devel openssl-devel net-tools
```

④ 进入 openssh-9.3p1 目录。

```
[root@centos ~]# cd openssh-9.3p1
```

⑤ 预编译。

```
[root@centos openssh-9.3p1]# ./configure --prefix=/usr --sysconfdir=/etc/ssh
--with-md5-passwords --with-pam --with-tcp-wrappers
--with-ssl-dir=/usr/local/ssl/lib --without-hardening
```

⑥ 编译。

```
[root@centos openssh-9.3p1]# make
```

⑦ 安装。

```
[root@centos openssh-9.3p1]# make install
```

⑧ 配置。

新建/etc/pam.d/sshd 配置文件。

```
[root@centos openssh-9.3p1]# vi /etc/pam.d/sshd
```

内容如下。

```
#%PAM-1.0
auth       required     pam_sepermit.so
auth       include      password-auth
account    required     pam_nologin.so
account    include      password-auth
password   include      password-aut
# pam_selinux.so close should be the first session rule
session    required     pam_selinux.so close
session    required     pam_loginuid.so
# pam_selinux.so open should only be followed by sessions to be executed in the
user context
session    required     pam_selinux.so open env_params
session    optional     pam_keyinit.so force revoke
session    include      password-auth
```

⑨ 配置 openssh 服务和开机自启动。

```
[root@centos openssh-9.3p1]# cp contrib/redhat/sshd.init /etc/init.d/sshd
[root@centos openssh-9.3p1]# systectm enable sshd
[root@centos openssh-9.3p1]# systemctl start sshd
```

⑩ 查看 openssh 服务的状态。

```
root@centos openssh-9.3p1]# systemctl status sshd
   sshd.service - SYSV: OpenSSH server daemon
   Loaded: loaded (/etc/rc.d/init.d/sshd; bad; vendor preset: enabled)
```

```
    Active: active (running) since 五 2023-07-14 17:26:36 CST; 1min 52s ago
……省略其他内容……
```

可以看到，sshd 确实处于运行状态。

⑪ 新建 Xshell 会话，使用 ssh 远程登录服务器。

查看 openssh 的版本。

```
[root@centos ~]# ssh -V
Openssh_9.3p1, OpenSSL 1.0.2k-fips  26 Jan 2017
```

可以看到已经升级为 9.3p1 版本了。

(5) 卸载 telnet 软件。

① 关闭 telent 相关的服务。

```
[root@centos ~]# systemctl stop telnet.socket
[root@centos ~]# systemctl stop xinetd
```

② 卸载 telnet 相关的服务。

```
[root@centos ~]# yum remove -y telnet-server xinetd
……省略不重要的内容……
删除:
  telnet-server.x86_64 1:0.17-66.el7          xinetd.x86_64 2:2.3.15-14.el7
完毕！
```

(6) 回退方案。

如果卸载 openssh 后，新版本的编译安装失败，需要回退到初始版本，可以通过系统安装光盘或者镜像完成。系统安装光盘和镜像包含了所有系统内置的软件及其安装包，用户可以通过其完成旧版本 openssh 的安装，进而实现回退操作。具体步骤如下。

① 挂载 iso 镜像。

真实的服务器上可以挂载安装光盘。

```
[root@centos ~]# mount /dev/sr0 /mnt/cdrom/
mount: /dev/sr0 写保护，将以只读方式挂载
```

② 为 yum 配置镜像软件仓库。

```
[root@centos ~]# vi /etc/yum.repos.d/centos-media.repo
```

写入以下内容。

```
[c7-media]
name=CentOS-$releasever - Media
baseurl=file:///mnt/cdrom/

gpgcheck=0
enabled=1
```

③ 查看 openssh 软件。

```
[root@centos ~]# yum search openssh-server
……省略不重要的内容……
gsi-openssh-server.x86_64 : SSH server daemon with GSI authentication
```

```
openssh-server.x86_64 : An open source SSH server daemon
openssh-server-sysvinit.x86_64 : The SysV initscript to manage the OpenSSH server.
```

④ 安装 openssh 软件。

```
[root@centos ~]# yum install -y openssh-server
```

至此，回退操作完成。

巩固练习

一、选择题

1. 进程状态的变化是一个循环过程，(　　)不在循环中。
　　A. 就绪态　　　　　　B. 运行态　　　　　　C. 等待态　　　　　　D. 停止态
2. 使用(　　)命令不能查看进程 PID。
　　A. pidof　　　　　　B. pgrep　　　　　　C. ps　　　　　　D. systemctl
3. 使用 kill 的(　　)选项可以暂停一个进程。
　　A. –9　　　　　　B. –STOP　　　　　　C. –CONT　　　　　　D. -PAUSE
4. 使用 systemctl 的(　　)选项可以关闭指定的服务。
　　A. stop　　　　　　B. –9　　　　　　C. disable　　　　　　D. 0
5. 使用 setenforce 命令的(　　)选项可以临时关闭 SELinux。
　　A. –1　　　　　　B. 1　　　　　　C. 0　　　　　　D. Disable

二、填空题

1. 使用＿＿＿＿＿＿＿＿＿命令查看当前正在运行的进程。
2. 使用＿＿＿＿＿＿＿＿＿命令杀死一个进程。
3. 使用＿＿＿＿＿＿＿＿＿命令可以在后台运行一个进程。
4. 使用＿＿＿＿＿＿＿＿＿命令可以修改一个进程的优先级。
5. 使用＿＿＿＿＿＿＿＿＿＿＿＿＿命令启动防火墙。

三、简答题

1. 进程的分类有哪些？
2. 进程的状态有哪些？它们之间如何转换？
3. 如何使用 systemctl 管理系统服务？
4. 如何添加防火墙规则？
5. 如何临时关闭和永久关闭 SELinux？

第**8**章　用户管理

在 Linux 系统中，用户和用户组是关键的组织和权限管理工具。本章将探讨用户和用户组的概念以及与其相关的操作。

学习目标

1. 了解用户和用户组之间的关系。
2. 掌握用户和用户组的相关配置文件。
3. 掌握用户和用户组的基本操作。

8.1 Linux 中的用户和用户组

Linux 是一个多用户、多任务的操作系统，它允许多个用户同时登录并执行各自的任务，彼此之间不会产生干扰。这种特性使得 Linux 在多用户环境下具有灵活性和可用性。

8.1.1 用户

用户是 Linux 中的个体，代表一个独立的使用者。在 Linux 中，每个文件、目录和进程都必须与一个特定的用户相关联。因此，要想使用 Linux 的资源，用户首先需要向管理员申请一个账号，并使用该账号登录系统。管理员在创建账号时会授予每个用户适当的权限，以限制其对系统资源的访问和操作。用户使用账号和密码登录系统后，就可以访问其账号所具有的权限范围内的文件和目录，并运行自己的进程了。

在 Linux 中，创建不同用途的用户具有多重好处。

(1) 它可以合理利用和控制系统资源。管理员可以根据用户的需求和职责授予每个用户不同级别的权限，确保系统资源得到有效的分配和使用，进而避免资源滥用或未经授权的访问。

(2) 创建不同类型的用户有助于文件的组织和安全性保护。每个用户拥有自己的个人空间，可以在其中组织和管理自己的文件与目录。这种分隔使得用户可以独立管理自己的工作和数据，同时减少了不同用户之间文件的混淆和冲突。

(3) 不同用户具有不同的权限，使得每个用户可以在其权限允许的范围内完成特定的任务。这种权限划分和管理确保了系统的安全性和稳定性。用户无法越权访问其他用户的数据或进行敏感操作，从而保护了用户的隐私和系统的完整性。

(4) Linux 通过多用户、多任务的运行机制实现了高效操作。多个用户可以同时登录系统并执行各自的任务，而彼此之间不会产生干扰。这为团队协作提供了便利，提高了工作效率。

在 Linux 中，用户可分为以下三种类别。

(1) 超级用户(superuser)。超级用户是系统中具有最高权限的用户，通常是 root 用户。超级用户拥有对整个系统的完全控制权，可以执行系统级操作、修改系统配置、安装软件、管理其他用户等。

(2) 系统用户(system users)。系统用户是为了管理系统服务或运行特定应用程序而创建的用户。系统用户通常不具备登录系统的权限，只用于特定的系统级任务或服务的运行。系统用户的UID(User Identifier，用户标识符)一般较低。例如，nobody 用户用于运行服务进程时不涉及具体用户身份。

(3) 普通用户(regular users)。普通用户是一般用户，主要用于登录系统、进行日常操作和执行任务等。每个普通用户都有自己的用户名和密码，拥有一定的权限来访问系统资源。普通用户的权限受限于系统管理员的设置，不能对系统关键文件和配置进行修改。

以上这三种用户类别是基于用户的角色和权限需求划分的。超级用户拥有最高权限，可以对系统进行任意操作；系统用户用于管理系统服务；普通用户是一般用户，用于常规操作和任务执行。这样的分类有助于管理和保护系统资源，确保安全和有效地使用系统。

为了区分不同的用户，系统为每个用户生成了唯一的 UID。UID 是一个非负整数，可以区分用户的身份和权限。当用户登录系统时，系统会根据用户名查找对应的 UID，并验证用户的身份和权限。

不同类型用户的 UID 的取值范围不同，具体范围见表 8-1。

表 8-1　不同类型用户的 UID 的取值范围

用户	描述
超级用户	UID 为 0
系统用户	UID 为 1~999
普通用户	UID 为 1000~65535

需要注意的是，UID 的取值范围是可以根据操作系统的配置和策略进行修改的。因此，在 CentOS 中，大多数系统内置用户的 UID 范围与标准范围相同，但仍然存在与所在类型范围不匹配的用户。

8.1.2　用户组

用户组(user group)是一组用户的集合，它可以将多个用户聚合在一起，并为这些用户提供相同的权限和访问资源。每个用户组都有一个唯一的组名和组 ID(GID)。通过将用户分配到用户组，管理员可以更轻松地管理和分配权限，而不必为每个用户单独设置权限。

用户组是一种逻辑上的集合，用于将具有相同特征或需要相同权限的用户归类。在 Linux 中，用户组的使用可以简化权限管理过程。当多个用户需要共享相同的权限时，可以将这些用户放到同一个用户组中，然后对用户组进行权限控制，而无须逐个为每个用户设置权限。

使用用户组，可以实现更高效和灵活的权限管理。相比为每个用户单独设置权限，将用户放到用户组中，只需要对用户组设置一次权限。这样，无论用户的数量是 10 个、100 个还是更多，都能轻松地管理和维护。比如，当需要修改某一组用户的权限时，只需要修改用户组的权限设置，而不必逐个修改每个用户的权限，这种集中管理的方式大大简化了权限管理过程，提高了管理效率，并减少了出错的可能性。因此，用户组是一种有效的权限管理策略，能够简化权限设置、提高系统安全性，并提高管理效率。

在 Linux 系统中，每个用户都有一个初始组(primary group)，同时可能有多个附加组(supplementary group)。

初始组是创建用户时默认分配的主要用户组，它通常与用户的用户名相同，并具有相同的组 ID。初始组在用户登录时会自动设置为用户的初始组，它定义了用户的默认文件和目录权限。初始组通常用于对用户的主要权限进行管理，并确定用户所属的主要用户组。

附加组是除初始组外，用户可以加入的其他用户组。附加组允许用户访问其他组的资源和权限，使其具备更广泛的系统访问权限。将用户添加到适当的附加组，可以实现更细粒度的权限控制，使用户能够共享和访问特定组的资源。

用户可以通过命令行工具(如 usermod)或用户管理工具来管理用户的附加组，包括添加、删除和修改用户的附加组。在 Linux 系统中，每个用户可以同时属于多个附加组，这样用户就能够利用多个组的权限和资源。

通过初始组和附加组的结合使用，管理员可以更灵活地管理用户的权限和资源访问，实现更精细的权限控制。

假设某管理员正在管理一家科技公司的一台 Linux 服务器，这台服务器服务于公司内的多个部门，每个部门需要访问和管理不同的文件和资源，同时需要确保每个部门的用户只能操作自己部门内的文件和程序，严格禁止越权访问。为了满足这些需求，该管理员需要为每个部门创建相应的用户和用户组。例如，创建一个名为"开发组"的用户组，其中包括软件开发部门的 2 名员工；创建一个名为"销售组"的用户组，其中包括销售部门的 7 名员工。

这样该管理员只需要授予开发组访问软件开发部门文件的权限，授予销售组访问销售部门文件的权限，即可实现 9 名员工的权限管理操作，避免了为所有用户一一授权的烦琐操作。

此外，如果公司的组织结构发生变化，有员工从开发部调入销售部。管理员只需要调整用户所属的用户组，而无须逐个修改用户权限，即可实现权限的更新。

通过这个场景，我们可以看到用户和用户组在 Linux 中的重要性。它们能够帮助我们有效地管理和控制用户的访问权限，保护数据的安全性，同时提高管理效率。

8.2　用户与用户组相关的配置文件

Linux 中用户和用户组的数据是存储在特定文件中的，管理员可以通过查阅这些文件来了解当前系统中的用户和用户组信息，也可以通过修改这些文件来实现对用户和用户组的简单管理。当然，在对这些文件进行修改之前必须谨慎，以免意外对系统造成不良影响或引发安全漏洞。

8.2.1　/etc/passwd 文件

passwd 文件是 Linux 中存储用户账户基本信息的文件之一，位于/etc 目录下，是一个文本文件。

案例 8-1： 查看/etc/passwd 文件的内容。

```
[root@centos ~]# cat /etc/passwd
root:x:0:0:root:/root:/bin/bash
bin:x:1:1:bin:/bin:/sbin/nologin
daemon:x:2:2:daemon:/sbin:/sbin/nologin
adm:x:3:4:adm:/var/adm:/sbin/nologin
lp:x:4:7:lp:/var/spool/lpd:/sbin/nologin
……省略更多内容……
```

从输出内容中可以看出，其中每一行各代表一个用户信息。一行信息中包含 7 个字段，并且字段之间使用冒号":"进行分隔，具体格式如下。

用户名 : 加密口令 : UID : GID : 描述信息 : 用户家目录 : 登录 shell

passwd 文件各个字段的含义见表 8-2。

表 8-2　passwd 文件各个字段的含义

字段	描述
用户名	用户的登录名称
加密口令	用户密码的占位符(通常为"×")
UID	用于标识用户的唯一数字 ID
GID	用户所属的主用户组 ID
描述信息	用户的描述信息
用户家目录	用户登录后所处的主目录路径
登录 shell	用户登录后使用的默认 shell 程序

在 Linux 中，实际的密码通常并不直接存储在/etc/passwd 文件中，而是存储在/etc/shadow 文件中。/etc/passwd 文件中只包含了一些基本的用户信息，而/etc/shadow 文件只有 root 用户和特权用户才有权限访问。这样做是为了增加密码的安全性，防止未授权用户访问密码。

/sbin/nologin 是一个特殊的 shell，通常用于禁止用户登录系统，而仅允许用户执行特定的系统服务或任务。当用户被指定使用/sbin/nologin 登录 shell 时，该用户将无法通过登录操作登录系统，而只能执行系统指定的任务。使用/sbin/nologin 的用户通常拥有系统账户或服务账户，它们不需要交互式登录，而是用于执行特定的系统任务或服务。当系统管理员需要为这些账户设置 shell 时，使用/sbin/nologin 可以有效地防止这些账户登录到系统，并保证它们只能执行指定的任务而不会引起其他安全风险。

8.2.2　/etc/shadow 文件

8.2.1 节中提到的/etc/shadow 的文件也被称为"影子文件"，用于存储用户的密码信息。如前所述，/etc/passwd 文件允许所有用户读取，这可能导致用户密码泄露。因此，Linux 将用户的密码信息从/etc/passwd 文件中分离出来，并单独存储在/etc/shadow 文件中。

与/etc/passwd 文件不同，/etc/shadow 文件只有 root 用户具有读取权限，其他用户没有读取权限。这样的设计确保了用户密码的安全性，可防止非授权用户获取密码信息。

案例 8-2： 查看/etc/shadow 文件的内容。

```
[root@centos ~]# cat /etc/shadow
root:$6$ETjQaSlB7fcXRZoB$o3A3SLCCpu.CmA.TjFZAzE0zmincNzq4yenGd1NhlfNI1WkuHOsM3
I6BG9f4pwzeiRcqeJWg4oG6HfWIMdCzZ1::0:99999:7:::
    bin:*:18353:0:99999:7:::
    daemon:*:18353:0:99999:7:::
    adm:*:18353:0:99999:7:::
    lp:*:18353:0:99999:7:::
    ……省略更多内容……
```

与/etc/passwd 文件类似，/etc/shadow 文件的每行信息也使用冒号":"划分为 9 个字段，具体格式如下。

用户名 ：加密密码 ：最后一次修改时间：最小修改时间间隔：密码有效期 ：密码过期前的警告天数 ：密码过期后的宽限时间 ：账号失效时间：保留字段

/etc/shadow 文件每个字段的含义见表 8-3。

表 8-3　/etc/shadow 文件每个字段的含义

字段	描述
用户名	用户的登录名称
加密密码	存储用户的加密密码或密码哈希值
最后一次修改时间	用户最后一次修改密码的日期
最小修改时间间隔	自最后一次修改密码的日期起，多长时间之内不能修改密码。如果是 0，则表示密码可以随时修改
密码有效期	密码的有效期，在到期之前必须再次更改密码，否则该账户将会进入过期状态
密码过期前的警告天数	当密码有效期快到时，系统提前多少天发出警告

（续表）

字段	描述
密码过期后的宽限时间	密码过期后，用户在规定的宽限天数内仍可登录系统。但如果超过宽限天数还未修改密码，系统将完全禁止该账户登录，且不会提示账户过期
账号失效时间	账号在此字段规定的时间之外，不论密码是否过期，都将无法使用
保留字段	保留供将来使用的字段，目前没有特定作用

/etc/shadow 文件并不直接存储用户的明文密码，而是存储了密码的哈希值。密码的哈希值是用户的密码经过加密算法转换后的固定长度的字符串，主要用于保护用户密码的安全。例如，root 用户密码的哈希值如下。

```
$6$ETjQaSlB7fcXRZoB$o3A3SLCCpu.CmA.TjFZAzE0zmincNzq4yenGd1NhlfNI1WkuHOsM3I6BG9
f4pwzeiRcqeJWg4oG6HfWIMdCzZ1
```

除此之外，密码还有"*"和"!!"两种情况。"*"表示用户被设置为不可登录，也就是上一小节中的/sbin/nologin。"!!"表示用户被禁用，也就是账户被锁定，无法登录系统。这种情况可能是因为用户登录尝试次数过多而被暂时禁用，或者是系统管理员主动将账户锁定。

8.2.3　/etc/group 文件

/etc/group 文件存储着用户组的相关信息。

案例 8-3：查看/etc/group 文件的前 5 行。

```
[root@centos ~]# cat /etc/group
root:x:0:
bin:x:1:
daemon:x:2:
sys:x:3:
……省略部分内容……
mail:x:12:postfix
```

每一行代表一个用户组，仍然使用冒号":"分隔字段，格式如下。

用户组名 : 用户组密码 : 组 ID : 组成员

/etc/group 文件每个字段的含义见表 8-4。

表 8-4　/etc/group 文件每个字段的含义

字段	描述
用户组名	用户组的名称
用户组密码	存储了用户组的加密密码
组 ID	用户组的唯一编号
组成员	用户组中的用户名列表

用户组密码和用户密码一样，在 group 文件中以占位符"×"的形式存储。真正的密码存储在/etc/gshadow 文件中。用户组密码是为了保护敏感信息而设定的，它与用户密码类似，用于限制用户对用户组的访问。用户组密码的主要作用是限制用户能够将自己添加到该组中，以及对该组的其

他权限限制。如果一个组有密码，并且用户知道了该密码，那么他就可以将自己添加到该组中。然而，用户组密码的使用实际上并不常见，因为通常并不需要对用户组进行特定的访问限制。大多数情况下，组的权限是由系统管理员根据实际需要来设置的，并且用户组通常用于方便地管理和授权用户，而不是作为安全措施。

例如，在案例 8-3 中输出的/etc/group 文件内容中，root、bin、daemon 和 sys 组中都没有用户，而 mail 组中则有一名用户 postfix。

8.2.4　/etc/gshadow 文件

/etc/gshadow 文件是 Linux 中存储用户组密码信息的文件，也被称为"组影子文件"。在/etc/gshadow 文件中，每一行表示一个用户组的信息，格式如下。

用户组名 : 用户组密码 : 用户组管理员 : 组中附加用户

/etc/gshadow 文件每个字段的含义见表 8-5。

表 8-5　/etc/gshadow 文件每个字段的含义

字段	描述
用户组名	用户组的名称
用户组密码	对于大多数用户来说，通常不设置组密码，因此该字段常为空
用户组管理员	列出拥有管理组权限的用户
组中附加用户	列出属于该用户组的用户，每个用户以逗号分隔

案例 8-4：查看/etc/gshadow 文件的内容。

```
[root@centos ~]# cat /etc/gshadow
root:::
bin:::
daemon:::
sys:::
……省略更多内容……
```

8.3　用户管理命令

用户管理命令允许管理员创建、修改和删除用户账户，以及进行密码的设置、切换用户等操作。

8.3.1　添加用户

useradd 命令用于添加用户，只有具备管理员权限的用户才可以使用该命令。useradd 命令的格式如下。

useradd [选项] [用户名]

useradd 命令常用选项见表 8-6。

表 8-6　useradd 命令常用选项

选项	说明
-c	为用户指定一段注释性描述
-e	指定账号的有效期限
-d	指定用户登录时的起始目录
-r	创建系统用户
-u	指定用户的 uid
-g	指定用户所属的用户组
-G	指定用户所属的附加组

案例 8-5：添加普通用户。

添加一个叫作 user1 的普通用户。

```
[root@centos ~]# useradd user1
```

查看/etc/passwd 文件是否新增了 user1 用户的信息。

```
[root@centos ~]# tail -1 /etc/passwd
user1:x:1000:1000::/home/user1:/bin/bash
```

可以看到，我们已经成功地创建了名为 user1 的用户，并且该用户已经出现在了 passwd 文件中。

根据文件中的内容，user1 的用户 ID(UID)为 1000，这是因为它是我们创建的第一个普通用户。UID 是系统为每个用户分配的唯一标识符，用于识别用户的身份。普通用户的 UID 的取值范围为 1000~65535，也就意味着我们下一个添加的普通用户，在不指定 UID 的情况下，UID 为 1001。

如果添加用户时没有指定用户所属的主用户组，那么 useradd 命令还会为用户创建一个和用户名相同的用户组，并设置为用户的主用户组。该用户组的 ID(GID)也和 UID 保持一致。例如，默认为"user1"用户创建"user1"用户组，并设置 GID 为 1000。查看/etc/group 文件验证下。

```
[root@centos ~]# tail -1 /etc/group
user1:x:1000:
```

在添加完成后，每个用户都会被分配一个默认的家目录，通常位于/home 目录下，如果该目录不存在，则会创建。家目录是用户的个人文件存储空间，为每个用户提供了隔离的工作环境，用于存储个人数据、配置文件和其他相关文件。默认情况下，家目录的命名规则是以用户的用户名命名。例如，用户 user1 的家目录路径是/home/user1。查看/home 目录中的内容，验证一下。

```
[root@centos ~]# ls /home
user1
```

案例 8-6：添加系统用户。

添加一个叫作 xt1 的系统用户。

```
[root@centos ~]# useradd -r xt1
```

查看/etc/passwd 文件是否新增了 xt1 用户的信息。

```
[root@centos ~]# tail -1 /etc/passwd
xt1:x:996:996::/home/xt1:/bin/bash
```

可以看到，xt1 的 UID 是 996，不在普通用户的范围内。当使用 useradd 创建系统用户时，UID 的取值范围通常为 1~999。这是因为系统用户不是为人工交互而设计的，而是为了系统服务的运行而创建的。因此，系统用户的 UID 一般不会与普通用户的 UID 冲突。

案例 8-7：添加用户并指定 UID 和家目录。

添加一个叫作 user2 的用户，并指定 UID 为 2000，家目录为/home/userrrrr。

```
[root@centos ~]# useradd -u 2000 -d /home/userrrrr user2
```

查看/etc/passwd 文件是否新增了 users2 用户的信息。

```
[root@centos ~]# tail -1 /etc/passwd
user2:x:2000:2000::/home/userrrrr:/bin/bash
```

可以看到，UID 和家目录都被设置成了指定的内容。

案例 8-8：添加 user3 用户指定所属主用户组为 user1，附加组为 xt1 和 user2。

```
[root@centos ~]# useradd -g user1 -G xt1,user2 user3
[root@centos ~]# tail -1 /etc/passwd
user3:x:2001:1000::/home/user3:/bin/bash
```

可以看到，user3 用户的 UID 是接着上一个普通用户 user2 的 UID(2000)继续往后延伸的。同时，user3 用户所属主用户组的 GID 为 1000，即 user1 用户组的 GID。接下来我们继续查看下/etc/group 文件内容，验证 user3 用户是否也加到了 xt1 和 user2 用户组中。

```
[root@centos ~]# tail -2 /etc/group
xt1:x:996:user3
user2:x:2000:user3
```

可以看到，xt1 和 user2 用户组中也存在着 user3 用户。也可以看出，如果添加用户时指定了所属主用户组，那么就不会再创建同名的用户组了，而是直接把用户加到所属主用户组中。

8.3.2 设置用户密码

创建普通用户时是没有默认密码的，因此必须在设置密码后才能登录系统。管理员可以使用 passwd 命令为普通用户设置密码。命令格式如下。

```
passwd  [选项]  [用户名]
```

passwd 命令常用选项见表 8-7。

表 8-7 passwd 命令常用选项

选项	说明
-l	锁定用户，仅 root 用户可使用此选项
-d	删除用户密码，仅 root 用户可使用此选项
-u	解锁用户，仅 root 用户可使用此选项
-i	设置用户密码失效日期

案例 8-9：为用户设置密码。

(1) 为 user1 用户设置密码为 123456。

```
[root@centos ~]# passwd user1
更改用户 user1 的密码 。
新的密码:
无效的密码: 密码少于 8 个字符
重新输入新的密码:
passwd: 所有的身份验证令牌已经成功更新
```

注意:

普通用户只能修改自己的账户密码,而不能修改其他用户的密码,并且在输入密码时,命令行并不会将用户输入的密码显示在控制台中。

使用 root 用户的时候,无论是修改普通用户的密码,还是修改自己的密码,都可以不遵守 Linux 密码设定的规则。比如,刚刚给 user1 用户设置的密码是 123456,系统虽然提示了密码属于无效的密码,但是依然设置成功了。

在实际应用中,无论是普通用户还是 root 用户,在设定密码时都要严格遵守 Linux 的密码规范。拥有一个复杂的密码才是保障服务器安全的最有效措施。

(2) 使用 user1 远程登录服务器。

在 Xshell 中新建会话,使用 user1 用户登录远程服务器。具体操作可以参考第 1 章的内容。登录成功后的命令提示符如下。

```
[user1@centos ~]$
```

案例 8-10: 锁定用户与解锁用户。

(1) 锁定 user1 用户。

```
[root@centos ~]# passwd -l user1
锁定用户 user1 的密码
passwd: 操作成功
```

当 user1 用户被锁定后,再次登录服务器时,就会登录失败,提示“SSH 服务器拒绝了密码。请再试一次”。

(2) 解锁 user1 用户。

```
[root@centos ~]# passwd -u user1
解锁用户 user1 的密码
passwd: 操作成功
```

解锁以后,user1 用户就可以正常登录服务器了。

8.3.3　切换用户

在 Linux 中,切换用户是一种常见的操作,它允许当前登录的用户切换到其他用户账户,以获取不同的用户身份和权限。切换用户的操作命令是 su,基本格式如下。

```
su  [选项]  [用户名]
```

su 命令常用选项见表 8-8。

表 8-8　su 命令常用选项

选项	说明
-	当前用户不仅切换为指定用户的身份，所用的工作环境也切换为此用户的环境
-p	切换为指定用户的身份，但不改变当前的工作环境
-c	切换到其他用户执行一次命令

案例 8-11：切换用户。

(1) 从 root 用户切换到 user1 用户。

```
[root@centos ~]# su user1
[user1@centos root]$
```

可以看到，命令提示符中，用户已经切换为 user1 了。但是，当前所处的目录仍然是切换前的 root 目录。

(2) 退回到 root 用户。

```
[user1@centos root]$ exit
exit
[root@centos ~]#
```

exit 命令用于退出当前用户，即从一个用户回到上一个用户。一般在使用 su 切换用户后，执行完需要的操作后，可以使用 exit 命令退出目标用户，回到原来的用户环境。

(3) 从 root 用户切换到 user1 用户，同时切换工作环境。

```
[root@centos ~]# su - user1
上一次登录：一 7月 17 19:16:15 CST 2023pts/1 上
[user1@centos ~]$ pwd
/home/user1
```

可以看到，有"-"选项和没有"-"选项是不同的。带有"-"选项会切换用户身份并切换环境变量，而不带"-"选项则只切换用户身份，保持当前环境变量不变。

(4) 从 user1 用户切换到 root 用户。

```
[user1@centos ~]$ su root
密码：
[root@centos user1]#
```

普通用户之间切换以及普通用户切换至 root 用户，需要提供正确的密码才能实现切换。然而，从 root 用户切换至其他用户，则不需要知道对方的密码，可以直接进行切换。

(5) 退回到最初的 root 用户。

```
[root@centos user1]# exit
exit
[user1@centos ~]$ exit
退出登录
[root@centos ~]#
```

前边的案例先切换到 uers1 用户，再切换到 root 用户。因此，回退到最初的 root 用户状态时，需要先使用一次 exit 从 root 用户回退到 user1 用户，再使用一次 exit 从 user1 用户回退到 root 用户。

案例 8-12： 使用 user1 用户添加 user 4 用户。

(1) 切换到 user1 用户。

```
[root@centos ~]# su user1
[user1@centos root]$
```

(2) 添加 user 4 用户。

```
[user1@centos root]$ useradd user4
useradd: Permission denied.
useradd: 无法锁定 /etc/passwd，请稍后再试
```

可以看到，useradd 命令只能由 root 用户执行，普通用户 user1 是没有权限的。

(3) 临时切换到 root 用户，执行添加 user 4 用户的命令。

```
[user1@centos root]$ su -c 'useradd user4' root
密码：
[user1@centos root]$ tail -1 /etc/passwd
user4:x:2002:2002::/home/user4:/bin/bash
```

可以看到，-c 选项可以临时切换到其他用户身份来执行一条命令，执行完命令后自动回退到当前用户。

(4) 回退到 root 用户。

```
[user1@centos root]$ exit
exit
[root@centos ~]#
```

su 命令的作用和登录功能差不多，都是实现切换用户的操作。但是 su 命令适用于临时切换到其他用户，进行少量特定的操作。而登录则是创建一个全新的用户会话，适用于长期使用该用户进行各种操作。登录提供了更完整的用户环境和权限管理，而 su 命令则相对较轻量且不会创建新的登录会话。

8.3.4　修改用户

当用户创建成功后，其信息并非固定不变。在某些情况下，管理员可能需要对用户信息进行修改，以满足特定需求。通过 usermod 命令，管理员可以调整用户的各项属性，如用户名、密码、用户组、主目录、登录 shell 等。

usermod 命令格式如下：

```
usermod [选项] [用户名]
```

usermod 命令常用选项见表 8-9。

表 8-9　usermod 命令常用选项

选项	说明
-c	修改用户的注释性描述
-e	修改用户的失效日期
-d	修改用户的主目录
-u	修改用户的 UID

选项	说明
-g	修改用户所属的用户组
-G	修改用户所属的附加组

案例 8-13：修改 user1 的用户信息。

(1) 查看 user1 用户的信息。

```
[root@centos ~]# tail -5 /etc/passwd
user1:x:1000:1000::/home/user1:/bin/bash
```

(2) 修改 user1 用户的描述信息。

```
[root@centos ~]# usermod -c 'test user' user1
[root@centos ~]# tail -5 /etc/passwd
user1:x:1000:1000:test user:/home/user1:/bin/bash
```

(3) 修改 user1 用户的 UID。

```
[root@centos ~]# usermod -u 1001 user1
[root@centos ~]# tail -5 /etc/passwd
user1:x:1001:1000:test user:/home/user1:/bin/bash
```

(4) 修改 user1 用户的家目录。

```
[root@centos ~]# usermod -d /home/test user1
[root@centos ~]# tail -5 /etc/passwd
user1:x:1001:1000:test user:/home/test:/bin/bash
```

如果/home/test 目录不存在，usermod 命令也不会去创建它。因此，在修改家目录之前，一定要确认修改后的家目录是否存在。如果家目录不存在，则需要手动创建。

8.3.5 删除用户

要删除一个已存在的用户，可以使用 userdel 命令，其格式如下。

```
userdel  [选项]  [用户名]
```

userdel 命令常用选项见表 8-10。

表 8-10 userdel 命令常用选项

选项	说明
-r	删除用户的同时删除用户的家目录
-f	强制删除用户，即使用户当前处于登录状态

案例 8-14：删除 user 3 用户的所有信息。

```
[root@centos ~]# userdel -r user3
[root@centos ~]# tail -3 /etc/passwd
xt1:x:996:994::/home/xt1:/bin/bash
user2:x:2000:2000::/home/userrrrr:/bin/bash
user4:x:2002:2002::/home/user4:/bin/bash
```

```
[root@centos ~]# ls /home
user1  user4  userrrrr
```

可以看到，使用-r 选项以后，不仅从/etc/passwd 文件中删除了 user3 的信息，也删除了它的家目录/home/user3。

在执行用户删除操作之前，务必谨慎确认用户是否真的不再需要，并备份相关数据，以防丢失。谨慎使用强制删除选项，以避免不必要的影响和风险。

8.3.6　查看登录的用户信息

CentOS 提供了多个命令用来查看当前登录到服务器的用户列表，常用的命令有 who、w、users 和 logname 等。

1. who

who 命令用于显示当前登录到服务器的用户信息，包括用户名、终端、登录时间和登录地址。

案例 8-15：使用 who 命令查看登录到服务器的用户信息。

```
[root@centos ~]# who
user1  pts/2      2023-07-18 02:23 (192.168.114.1)
root   pts/1      2023-07-18 02:09 (192.168.114.1)
```

从输出信息中可以看到登录到服务器的 user1 和 root 两个用户的详细登录信息。

2. w

w 命令类似于 who 命令，但会额外显示用户的活动状态和运行的命令。

案例 8-16：使用 w 命令查看登录到服务器的用户信息。

```
[root@centos ~]# w
 02:35:12 up 3 days, 10:58,  2 users,  load average: 0.03, 0.03, 0.05
USER     TTY     FROM          LOGIN@   IDLE   JCPU   PCPU WHAT
user1    pts/2   192.168.114.1  02:23   6:48   0.01s  0.01s -bash
root     pts/1   192.168.114.1  02:09   0.00s  0.04s  0.01s w
```

可以看出，w 命令的输出内容更详细。

3. users

users 命令用于显示当前登录到系统的用户列表，仅显示用户名。

案例 8-17：使用 users 命令查看登录到服务器的用户列表。

```
[root@centos ~]# users
root user1
```

users 命令的输出内容就简单得多，只有用户名。

4. logname

logname 命令用于查看当前登录的用户名的命令，它会直接输出当前登录用户的用户名。

案例 8-18：使用 logname 命令查看当前登录到服务器的用户名。

```
[root@centos ~]# logname
root
```

和 users 命令不同，logname 命令只显示当前正在操作的登录到服务器的用户名。

以上这些命令可以帮助管理员查看当前登录用户的信息，以及正在使用系统的其他用户的信息。在使用这些命令时，管理员可以根据自己的需求选择合适的命令来查看相关信息。

8.4 用户组管理命令

用户组管理命令允许管理员创建、修改和删除用户组，以及管理用户与用户组之间的关系。

8.4.1 添加用户组

groupadd 命令可以添加一个用户组，它的格式如下。

```
groupadd [选项] [用户组名]
```

groupadd 命令常用选项见表 8-11。

表 8-11 groupadd 命令常用选项

选项	说明
-g	创建用户组时指定用户组的 GID
-r	创建系统工作组，系统工作组的 GID 小于 1000

案例 8-19：创建系统用户组 study，指定 GID 为 123。

```
[root@centos ~]# groupadd -g 123 -r study
[root@centos ~]# tail -1 /etc/group
study:x:123:
```

通过输出可以看到，/etc/group 文件中多了 study 用户组的信息。

8.4.2 修改用户组

groupmod 命令是用于修改用户组信息的命令，它允许管理员对现有的用户组进行修改，包括修改组名、组 ID(GID)以及所属用户等。它的格式如下。

```
groupmod [选项] [用户组名]
```

groupmod 命令常用选项见表 8-12。

表 8-12 groupmod 命令常用选项

选项	说明
-g	修改用户组的 GID
-n	修改用户组的组名称

案例 8-20：修改系统用户组 study 的 GID 为 321。

```
[root@centos ~]# groupmod -g 321 study
[root@centos ~]# tail -1 /etc/group
study:x:321:
```

可以看到，GID 已经变成 321 了。

案例 8-21：修改系统用户组 study 的组名称为 work。

```
[root@centos ~]# groupmod -n work study
[root@centos ~]# tail -1 /etc/group
work:x:321:
```

可以看到，用户组名已经修改为 study。

需要注意的是，在进行用户名或组名的修改时需要谨慎操作，因为不当的修改可能导致管理逻辑混乱或引发其他问题。一般情况下，建议遵循以下两个原则。

(1) 用户名修改。用户名关联着用户的身份和权限，应避免随意修改。如果确实需要修改，建议先备份相关用户数据，然后创建一个新的用户，将数据迁移到新用户中，最后删除旧用户。

(2) 组名和组 ID 修改。组名和组 ID 也应该谨慎修改，因为它们与用户组的关系密切。如果需要修改组名或组 ID，建议先备份相关组数据，然后创建一个新的用户组，将相关用户移动到新用户组中，最后删除旧用户组。

总的来说，修改用户名或组名应该是谨慎的操作，需要考虑相关用户和组的数据与权限关系，以避免出现不必要的混乱或问题。

8.4.3　删除用户组

当需要从系统中删除一个用户组时，可以使用 groupdel 命令完成该操作。groupdel 命令的格式如下。

```
groupdel [选项] [用户组名]
```

案例 8-22：删除系统用户组 work。

```
[root@centos ~]# groupdel work
[root@centos ~]# tail -3 /etc/group
xt1:x:994:
user2:x:2000:
user4:x:2002:
```

案例 8-23：删除系统用户组 user1。

```
[root@centos ~]# groupdel user1
groupdel: 不能移除用户 user1 的主组
```

可以看到，使用 groupdel 命令删除 user1 用户组失败，且提示"不能移除 user1 用户的主组"。这是因为 Linux 要求每个用户属于至少一个用户组，并且其中一个用户组是该用户的主组。如果一定要删除 user1 群组，要么先修改 user1 用户的 GID，也就是将其初始组改为其他用户组，要么先删除 user1 用户。

8.4.4　查看用户所属用户组

id 命令是一个简单而实用的工具，可用于获取有关用户和组身份标识的信息。使用 id 命令可以方便地确定用户所属的用户组以及用户在系统中的权限。这对于管理用户和设置文件权限非常有帮助。它的格式如下。

```
id [用户名]
```

案例 8-24： 查看用户的信息。

(1) 查看当前用户的信息。

```
[root@centos ~]# id
uid=0(root) gid=0(root) 组=0(root)
```

(2) 查看 user1 用户的信息。

```
[root@centos ~]# id user1
uid=1001(user1) gid=1000(user1) 组=1000(user1)
```

本章总结

(1) Linux 是一个多用户、多任务的操作系统。

(2) 用户是 Linux 中的个体，代表一个独立的使用者。

(3) 用户组是一组用户的集合，它可以将多个用户聚合在一起，并为这些用户提供相同的权限和资源访问。

(4) 用户的信息存储在/etc/passwd 文件和/etc/shadow 文件中。

(5) 用户组的信息存储在/etc/group 文件和/etc/gshadow 文件中。

(6) 用户相关的命令有 useradd、usermod、userdel 和 su 等。

(7) 用户组相关的命令有 groupadd、groupmod、groupdel 和 id 等。

巩固练习

一、选择题

1. 在 Linux 中，root 用户和其他普通用户的 UID 范围是(　　)。
   A. 1～1000　　　　B. 1～199　　　　C. 1～499　　　　D. 1～599
2. 使用(　　)命令可以删除一个用户。
   A. userdel　　　　B. userremove　　C. userdelete　　D. usermod
3. 用户的登录 shell 存储在(　　)文件中。
   A. /etc/passwd　　B. /etc/group　　C. /etc/shadow　　D. /etc/gshadow
4. 使用(　　)命令修改用户的密码。
   A. passwd　　　　B. changepassword　C. passwdmod　　D. usermod
5. 使用(　　)命令可查看当前登录用户的详细信息。
   A. who　　　　　　B. w　　　　　　C. users　　　　D. id

二、填空题

1. /etc/shadow 文件用于存储用户的_____。

2. /etc/group 文件存储了系统中所有用户组的信息，其中每一行代表一个用户组，包括组名、组 ID 和_____。

3. 用户组的分类包括主用户组和＿＿＿＿＿＿＿＿＿＿。

4. id 命令可以查看当前用户的用户 ID(UID)、组 ID(GID)以及＿＿＿＿＿＿＿＿＿＿。

5. 使用 useradd 命令添加用户时，可以通过参数-g 指定用户的＿＿＿＿＿＿＿＿＿。

三、实操题

1. 简述用户的 UID 和 GID 的含义和作用。

2. 简述 root 用户和其他普通用户的区别。

3. 简述切换用户的命令和使用时的注意事项。

第9章　权限管理

在 Linux 中，权限管理是一项重要的任务，它允许系统管理员控制用户对文件和目录的访问权限。通过精确的权限设置，管理员可以保护敏感数据免受未经授权的访问，并确保系统的安全性和完整性。无论是系统管理员、开发人员还是普通用户，掌握权限管理技巧都是至关重要的，它有助于确保系统的安全性和稳定性，并防止未经授权的访问和数据泄露。本章主要介绍文件和目录的基本权限设置、文件所属用户以及用户组修改、访问控制列表的设置与修改。

学习目标
1. 掌握文件和目录的基本权限设置。
2. 掌握修改文件所属用户以及用户组的更改操作。
3. 掌握访问控制列表的设置与修改。

9.1 基本权限管理

在 Linux 中，基本权限 UGO 是指文件和目录的三种基本权限，即用户、所属组和其他用户。它们在文件和资源的访问与操作方面起着至关重要的作用，决定了谁可以对文件或目录进行何种操作。

9.1.1 权限介绍

权限是计算机系统中用于控制用户对资源(如文件、目录、设备等)的访问和操作的一种机制。权限决定了哪些用户可以访问资源，以及对资源进行哪些操作。

在 Linux 中，每个文件和目录都有三种基本权限，即读取权限(read，r)、写入权限(write，w)和执行权限(execute，x)，见表 9-1。

表 9-1 访问权限

权限	文件	目录
读取权限(r)	可以读取文件中的内容	可以获取目录列表
写入权限(w)	可以打开并修改文件内容	可以在目录中添加或删除文件
执行权限(x)	可以将文件作为程序执行	可以进入此目录

这些权限决定了谁可以读取、写入和执行这些文件或目录。

权限在 Linux 中起着至关重要的作用，它们提供了一种机制来限制、控制用户对文件和资源的访问与操作，主要表现在以下方面。

1. 限制对敏感文件的访问

权限允许管理员将敏感文件和目录限制为只有特定用户或用户组能够访问。例如，root 用户的文件通常具有最高的权限限制，其他普通用户无法直接访问。这确保了系统核心文件和关键配置文件不会被未经授权的用户随意访问和修改。

2. 保护用户数据的完整性

权限可以防止未经授权的用户对他人的文件进行修改、删除或篡改。如果一个用户不是文件的所有者或没有写入权限，他将无法修改该文件。这样可以保护用户数据的完整性和减少潜在的风险。

3. 隔离和保护系统进程

系统中的进程通常以特定的用户身份运行，拥有适当的权限来执行特定的任务。权限确保不同进程和服务之间相互隔离，防止恶意进程干扰或篡改其他进程。这有助于维持系统的稳定性和安全性。

4. 管理多用户环境

在多用户环境中，权限使管理员能够根据用户的角色和职责来管理与限制对系统资源的访问。不同的用户可以被分配不同的权限级别，以保证他们只能访问与操作他们有权限的文件和目录，而无法越权或访问其他用户的数据。

5. 提高系统安全性

权限是保证系统安全的重要组成部分，限制用户的访问权限，可以降低恶意软件或未经授权的用户对系统造成的威胁。权限管理可以减少潜在的风险和攻击面，防止未经授权的访问、数据泄露和破坏行为。

总之，权限是为了维护系统的安全和稳定而设计的。它限制了不同用户对文件和资源的访问与操作，保证了敏感数据的机密性和完整性。通过合理设置权限，系统管理员可以对系统实现有效的安全管理，并提高系统的整体安全性。

9.1.2 UGO 介绍

在 Linux 中，UGO 是权限管理中的一个重要概念，它用来指定权限的作用对象。UGO 是 user、group 和 other 三个单词的缩写，分别代表以下三种权限的作用对象。

1. 所有者权限

所有者权限(user)是文件或目录所有者拥有的权限。所有者可以对文件或目录进行读取、写入和执行操作。这意味着所有者可以查看、修改和运行该文件或目录。

2. 所属用户组权限

所属用户组权限(group)是文件或目录所属用户组拥有的权限。用户组是一组具有相似特征的用户的逻辑集合，这些用户共享相同的权限，可以对文件或目录进行读取、写入和执行操作。

3. 其他用户权限

其他用户权限(other)是系统中的其他用户(不属于文件或目录所有者或所属组)拥有的权限。他们对文件或目录的访问权限受到其他用户权限的限制。

在 Linux 中设置 UGO 权限，可以对不同的用户类型进行不同的访问控制。例如，对于一个文件，可以设置只有所有者有读写权限(u=rw)，组成员有读权限(g=r)，其他用户没有任何权限(o=)。

9.1.3 查看文件权限信息

管理员可以通过使用 ls 命令的-l 选项，查看文件的详细信息，其中就包括文件的权限信息。

案例 9-1： 查看/usr 目录的详细信息。

```
[root@centos ~]# ls -l /usr
总用量 124
dr-xr-xr-x. 2 root root 24576 7月 14 17:24 bin
drwxr-xr-x. 2 root root     6 4月 11 2018 etc
……省略更多内容……
```

从上面的输出内容可以看出，每一个文件的详细信息都包含 7 项内容，格式如下。

文件类型与权限　连接数　所有者　所属群组　文件大小　修改时间　文件名

以第二行 etc 目录的详细信息为例。

1. 文件类型与权限(drwxr-xr-x)

第一个字母 d 表示 etc 是一个目录的类型。不同的类型用不同的字符表示，字符对应的文件类型见表 9-2。

表 9-2 字符对应的文件类型

字符	描述
d	表示目录
-	表示普通文件
l	表示链接文件
b	表示块设备文件，用于存储可随机访问的接口设备

接下来的字符三个一组，分别表示文件所有者权限、群组权限和其他用户权限。每组权限字符由 r(可读)、w(可写)和 x(可执行)组成。如果没有相应的权限，则用减号 "-" 表示。需要注意的是，这三个权限的位置在字段中是固定的，不会改变。

rwxr-xr-x 字符串表示如下：所有者拥有可读、可写和可执行权限(第一组 rwx)，所属用户组拥有可读和可执行权限(第二组 r-x)，其他人拥有可读和可执行权限(第三组 r-x)。

2. 连接数(2)

该字段表示文件的硬链接数。硬链接是指向同一个文件存储区域的不同文件名。链接数表示有多少个文件名指向同一个文件。

3. 所有者(root)

该字段表示文件或目录的所有者，通常以用户名或 UID 的形式表示。

4. 所属用户组(root)

该字段表示文件或目录所属的群组，通常以群组名或 GID 的形式表示。

5. 文件大小(6)

该字段表示文件的大小，以字节为单位。

6. 文件修改时间(4 月 11 2018)

该字段表示文件的最后修改时间，它记录了文件最后一次被修改的日期和时间。

7. 文件名(etc)

该字段表示文件或目录的名称。

总结一下，etc 目录的所有者是 root 用户，具有可读、可写和可执行权限；它所属的用户组是 root 用户组，在 root 用户组内的用户都具有可读和可执行权限；其他用户具有可读和可执行权限。

9.1.4 修改权限

chmod 命令用于修改文件的访问权限。修改权限有以下两种方法。

1. 字符设定法

字符设定法是用字母表示不同的用户和权限，用加减符号表示增加权限或减少权限，格式如下。

```
chmod  [选项]  [符号]  [字母]  [文件名]
```

chmod 命令常用选项见表 9-3。

表 9-3　chmod 命令常用选项

选项	说明
-R	对当前目录下的所有文件与子目录进行相同的权限变更(以递归的方式逐个变更)
-f	若该文件权限无法被更改也不显示错误信息

chmod 命令常用符号见表 9-4。

表 9-4　chmod 命令常用符号

符号	说明
+	为指定的用户类型增加权限
-	去除指定用户类型的权限
=	设置指定用户权限，即重新设置用户类型的所有权限

chmod 命令用户字母表见表 9-5。

表 9-5　chmod 命令用户字母表

字母	用户类型	说明
u	user	文件所有者
g	group	文件所有者所在组
o	other	所有其他用户
a	all	所有用户，相当于 UGO

案例 9-2：在 root 目录下创建 file 文件并将权限设置为所有人都可以读取。

```
[root@centos ~]# touch file
[root@centos ~]# chmod ugo+r file
[root@centos ~]# ls -l file
-rw-r--r--. 1 root root 0 7月  18 11:24 file
```

使用下面的命令，也可以实现上述要求。

```
[root@centos ~]# chmod  a+r  file
```

案例 9-3：为 file 文件的所有者增加可执行权限，所属用户组增加写入权限。

```
[root@centos ~]# chmod u+x,g+w file
[root@centos ~]# ls -l file
-rwxrw-r--. 1 root root 0 7月  18 11:24 file
```

当一次性设置多个权限时，多个权限需要使用逗号","分隔。

案例 9-4：取消 file 文件的所属用户组的写入权限。

```
[root@centos ~]# chmod g-w file
[root@centos ~]# ls -l file
-rwxr--r--. 1 root root 0 7月  18 11:24 file
```

2. 数字设定法

数字设定法是用八进制数字表示对应的权限，格式如下。

```
chmod  选项  文件名
```

在数字设定法中，每个权限位都有一个对应的数字值。

(1) r(读取权限)的数字值为 4。

(2) w(写入权限)的数字值为 2。

(3) x(执行权限)的数字值为 1。

在设置权限时，可以将这些数字值相加。将权限位的数字值相加，可以得到对应权限组合的数字表，见表 9-6。

表 9-6 chmod 权限数字表

数字	权限	说明
0	---	无任何操作权限
1	--x	只执行
2	-w-	只写
3	-wx	可写可执行
4	r--	只读
5	r-x	可读可执行
6	rw-	可读可写
7	rwx	可读可写可执行

以 rwxrw-r-x 权限为例，所有者、所属用户组和其他人分别对应的权限值如下。

(1) 所有者 = rwx = 4+2+1 = 7。

(2) 所属用户组 = rw- = 4+2 = 6。

(3) 其他人 = r-x = 4+1 = 5。

所以，此权限对应的权限值就是 765。

案例 9-5：使用数字设定法将 file 文件的权限设置为 rwxr-xr-x。

```
[root@centos ~]# chmod 755 file
[root@centos ~]# ls -l file
-rwxr-xr-x. 1 root root 0 7月  18 11:24 file
```

9.1.5 更改所有者

在 Linux 中，不仅可以更改文件和目录的权限，还可以通过 chown 命令来更改它们的所有者和所属组。chown 命令用于重新分配文件的所有权，帮助管理员或用户精确控制文件的访问权限和管理。chown 命令格式如下：

```
chown  [-R]  用户[.用户组]  [文件名]
```

为了区分用户与用户组，将 "." 或者 ":" 放在两者之间。在使用 chown 命令时，建议使用冒号 ":" 连接所有者和所属组，而不是用 "."。因为如果用户在设定账号时加入了小数点(如

zhangsan.temp)，就会造成系统误判。

案例 9-6：使用 chown 命令将 file 文件的用户和用户组设置为 user1。

```
[root@centos ~]# chown user1:user1 file
[root@centos ~]# ls -l file
rwxr-xr-x. 1 user1 user1 489 5月 15 22:44 file
```

当然，chown 命令也支持单纯修改文件或目录的所属组。

案例 9-7：使用 chown 命令将 file 文件的用户设置为 root。

```
[root@centos ~]# chown root: file
[root@centos ~]# ls -l file
rwxr-xr-x. 1 root user1 489 5月 15 22:44 file
```

需要注意是，如果使用 chown 命令修改文件或目录的所有者和所属者，必须确保要更改的用户或用户组存在。否则，该命令将无法正确执行，并会提示 invalid user 或 invalid group。

此外，chown 命令只有 root 用户才有权限更改文件的所有者和所属组。如果当前用户不是 root 用户，则需要使用 sudo 命令或者切换到 root 用户才能执行该命令。

案例 9-8：使用 user1 用户将 root 用户在/usr/tmp 目录下创建的 TestFile 文件删除。

```
[root@centos ~]# cd /usr/tmp/
[root@centos tmp]# touch TestFile
[root@centos tmp]# su - user1                 # 切换为 user1 用户
[user1@centos ~]$ cd /usr/tmp/
[user1@centos tmp]$ rm -rf TestFile
rm:无法删除"TestFile": 不允许的操作
```

从上面命令的执行结果可以看出，TestFile 文件是 root 用户创建的，普通用户 user1 无法将 TestFile 文件删除。

```
[user1@centos tmp]$ exit                      #退出 user1 用户，切换到 root 用户
[root@centos ~]# chown user1:user1 /usr/tmp/TestFile
[root@centos ~]# ls -l /usr/tmp/TestFile
rwxr-xr-x. 1 user1 user1 489 5月 15 22:44 TestFile
[root@centos tmp]# su - user1                 # 切换为 user1 用户
[user1@centos ~]$ cd /usr/tmp/
[user1@centos tmp]$ rm -rf TestFile
```

将 TestFile 文件的用户以及用户组修改为 user1 用户之后，就可以成功删除。

9.2 ACL 访问控制权限

ACL(access control listt，访问控制列表)是一种更加灵活的权限控制方式，它可以对单一用户、单一文件或目录进行更加具体的权限设置，包括读、写、执行、删除、更改权限等。相比之下，UGO 权限只能针对一个用户、一个组和其他用户进行权限设置，使用上有一定的局限性。因此，在需要更加细致的权限控制时，ACL 是一种更加合适的方式。

9.2.1　ACL 的作用

ACL 是一种扩展的权限控制机制，它允许在文件系统级别上对文件和目录设置更细粒度的访问权限。传统的基于用户和用户组的权限模型无法满足对个别用户或特定条件的访问控制的需求，而 ACL 提供了更灵活的权限管理方式。

ACL 通过在文件或目录上附加额外的权限规则，允许指定更多的用户和用户组以及对应的权限。它可以允许或禁止具体用户或用户组对文件进行读取、写入和执行等操作。与传统的基于所有者、组用户和其他用户的权限模型相比，ACL 提供了更细粒度的权限控制，能够满足更复杂的权限需求。

下面通过一个案例来深入了解 ACL 的作用。

假设在一个公司的服务器上有一个名为 /project 的目录，它是该公司开发部门的项目目录。在这个场景中，要求开发部的每个员工都能够访问和修改该目录，老板需要拥有对该目录的最高权限，而其他部门的员工则不能访问该目录，如图 9-1 所示。

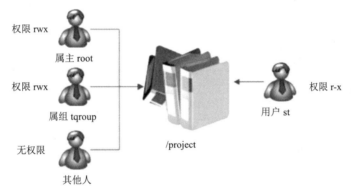

权限 rwx　属主 root

权限 rwx　属组 tqroup

无权限　其他人

/project

权限 r-x　用户 st

图 9-1　ACL 访问控制图

为了规划这个目录的权限，可以采取以下方案：①老板使用 root 用户作为该目录的属主，并赋予 rwx 权限；②部门中的所有员工加入名为 tgroup 的组，将 tgroup 组作为/project 目录的所属组，并赋予 rwx 权限；③其他用户的权限设定为 0，即无权限(---)。这样的设置可以满足对该目录访问权限的要求。

然而，有一天，公司来了一位实习生 st，她需要访问/project 目录，因此必须拥有 r 和 x 权限；但由于她没有参加之前的项目，不能赋予她 w 权限，以免她误操作目录中的内容。因此，员工 st 的权限应为 r-x。

此时面临的问题是如何分配实习生 st 的身份。将她设为目录的属主显然不合适，因为那应该是 root 的角色。加入 tgroup 组也不行，因为 tgroup 组的权限是 rwx，而我们需要实习生 st 的权限为 r-x。如果将其他员工的权限改为r-x 呢？那样一来，其他部门的所有员工都可以访问/project 目录了。

显然，传统的三种身份权限设置无法满足这种需求，无法单独为某个用户设定访问权限。在这种情况下，就需要使用 ACL 来实现更细粒度的访问控制和权限管理。

通过使用 ACL，我们可以根据员工的角色和职责来细致地管理/ project 目录的访问权限。无论是管理人员、普通员工还是临时员工，每个人都可以根据其所需的权限来访问和修改目录中的文件，从而实现灵活而安全的权限控制。

9.2.2 ACL 的基本用法

Linux 使用 getfacl 查看文档的 ACL 权限，使用 setfacl 来设置文档的 ACL 权限。
getfacl 命令格式如下。

```
getfacl  文件名
```

getfacl 命令的使用非常简单，且常和 setfacl 命令搭配使用。

setfacl 命令可直接设定用户或群组对指定文件的访问权限。此命令的基本格式如下。

```
setfacl [选项]  [{-m|-x}acl 条目]文件或目录
```

setfacl 命令常用选项表 9-7。

表 9-7　setfacl 命令常用选项

指令	说明
-b	删除所有的 ACL 条目
-m	添加 ACL 条目
-x	删除指定的 ACL 条目
-R	递归处理所有的子文件或子目录

案例 9-9：新建文件 test.txt 和用户 user1，使用户 user1 对 test.txt 文件可读写。

```
[root@centos ~]# touch    test.txt
[root@centos ~]# useradd  user1
[root@centos ~]# getfacl  test.txt
# file: test.txt
# owner: root
# group: root
user::rw-
group::r--
other::r--
[root@centos ~]# setfacl  -m  u:user1:rw  test.txt
[root@centos ~]# getfacl  test.txt
# file: test.txt
# owner: root
# group: root
user::rw-
user:user1:rw-
group::r--
mask::rw-
other::r--
```

案例 9-10：删除 test.txt 的所有 ACL 条目。

```
[root@centos ~]# setfacl  -b   test.txt
[root@centos ~]# getfacl   test.txt
# file: test.txt
# owner: root
# group: root
user::rw-
```

```
group::r--
other::r--
```

9.2.3 文件属性 chattr

为了保护系统文件，Linux 系统会使用 chattr 命令改变文件的隐藏属性。chattr 命令仅对 ext2/ext3/ext4 文件系统完整有效，其他文件系统可能仅支持部分隐藏属性或者根本不支持隐藏属性。

chattr 命令是在 Linux 系统中用于更改文件或目录的属性的命令，用于设置文件或目录的特殊标志，以提供额外的保护和控制。

chattr 命令格式如下。

```
chattr [-R] [属性操作] [文件/目录]
```

-R：递归应用属性到目录及其子目录中的所有文件和子目录。

操作包括：

```
+：添加属性
-：移除属性
=：设置属性(覆盖之前的属性)
```

chattr 命令常见属性标志见表 9-8。

表 9-8　chattr 命令常见属性标志

选项	说明
a	使文件或目录仅能以追加方式打开(只能添加内容，无法修改或删除已有内容)
i	将文件或目录设置为不可修改(不能被重命名、删除、链接，也无法对其进行写操作)
u	当文件或目录被删除时，系统会保留其数据块，并允许恢复

案例 9-11：chattr 命令改变文件隐藏属性。

(1) 创建 3 个文件(file01、file02、file03)，使用 lsattr 命令查看这 3 个文件的隐藏属性，全部为空，具体如下。

```
[root@ centos ~]# touch file01 file02 file03
[root@ centos ~]# lsattr file01 file02 file03
---------------- file01
---------------- file02
---------------- file03
```

(2) 使用 man 工具查看 chattr 命令的使用方法如下。

```
[root@ centos ~]# man chattr
```

(3) 下面对常用的两个隐藏属性加以说明。

使用 chattr 命令给 file01 文件增加"a"属性，具体如下。

```
[root@ centos ~]# chattr +a file01
[root@ centos ~]# lsattr file01
-----a---------- file01
```

当给 file02 文件增加 a 属性之后，便不能再使用 vim 编辑器写入文本了，需要使用 echo 命令以追加的方式写入。此属性一般用于日志文件，因为日志文件内容是在后面追加，前面的内容不能被覆盖，整个文件也不能被删除。当需要截取某段日志时，去除该属性即可，具体如下。

```
[root@ centos ~]# vim file02
[root@ centos ~]# cat file02
linux
[root@centos ~]# chattr +a file02
[root@centos ~]# echo "I love Linux" > file02
bash: file02: 不允许的操作
[root@centos ~]# rm -rf file02
rm: 无法删除"file02": 不允许的操作
[root@centos ~]# echo " I love Linux " >> file02
[root@centos ~]# cat file02
linux
I love Linux
[root@centos ~]# chattr -a file02
```

当给 file03 文件增加 i 属性之后，该文件不接受任何形式的修改，只能读取。例如，生产环境中在没有需求的情况下并不希望有人创建用户，为了防止黑客进入随意创建，一般会给/etc/passwd 文件增加 i 属性保证安全，具体如下。

```
[root@centos ~]# chattr +i file03
[root@centos ~]# echo " I love Linux " >> file03
bash: file03: 权限不够
[root@centos ~]# rm -rf file03
rm: 无法删除"file03": 不允许的操作
```

chattr 命令提供了一种额外的安全性和控制级别，可以防止文件或目录被意外修改或删除。

注意：
某些属性可能需要root用户或特殊权限才能修改。

本章总结

(1) 权限是计算机系统中用于控制用户对资源的访问和操作的一种机制。

(2) UGO 是 user、group 和 other 三个单词的缩写，分别代表了所有者、所属用户组和其他人三种权限的作用对象。

(3) chmod、chown、chgrp 命令分别用于修改权限、修改所有者和修改所属用户组。

(4) 权限的数字表示法中，r=4，w=2，x=1。

巩固练习

一、选择题

1. 在 Linux 文件权限中，r 表示(　　)权限。
   A. 读权限　　　　　　B. 写权限　　　　　　C. 执行权限　　　　　　D. 根权限

2. 使用 chmod 命令将文件权限设置为-rwxr-xr-，对应的数字设定法是( )。

    A. 764   B. 754   C. 644   D. 6450

3. 使用 chown 命令修改文件所有者和所属组时，使用冒号":"分隔的是( )。

    A. 用户名和用户 ID   B. 用户 ID 和组 ID

    C. 用户名和组名   D. 用户 ID 和用户名

4. Linux 系统中，每个文件都有三种基本权限，即用户、所属组和( )。

    A. 根用户   B. 其他用户

    C. 超级用户   D. 系统用户

5. 使用 chattr 命令设置文件属性时，"+"符号表示( )。

    A. 添加属性   B. 删除属性   C. 修改属性   D. 查看属性

二、填空题

1. 在 Linux 系统中，使用＿＿＿＿＿＿＿命令来修改文件或目录的所有者和所属组。

2. 在 Linux 文件权限中，表示执行权限的字符是＿＿＿＿＿＿＿。

3. 使用＿＿＿＿＿＿命令可以修改文件或目录的权限。

4. 使用＿＿＿＿＿＿命令可以为文件或目录添加或移除 ACL 权限。

5. ＿＿＿＿＿＿指令可以删除所有的 ACL 条目。

三、实操题

假设你是一名系统管理员，需要对一个目录/data/files 进行权限设置，要求如下。

1. 目录的所有者设置为 admin，所属组设置为 staff。

2. admin 用户具有对该目录的完全权限(读、写、执行)。

3. staff 组的成员具有对该目录的读和执行权限，但没有写权限。

4. 其他用户没有对该目录的任何权限。

第 **10** 章　部署博客系统

前边的课程已经介绍完 Linux 的所有基础知识，本章将综合所有的知识进行项目实践。

学习目标

1. 掌握 LNPM 软件部署的技巧。
2. 掌握 WordPress 博客系统的使用。
3. 熟悉阿里云服务器的使用。

10.1　博客系统

博客系统是一种用于创建和管理个人或团队博客的软件系统，它提供了一个结构化的平台，让用户可以轻松地发布、编辑和组织博客文章，与读者互动，并在网络上共享自己的观点、知识和经验。博客系统通常包括以下核心功能。

(1) 文章管理。博客系统允许用户创建、编辑和发布文章。用户可以使用富文本编辑器格式化文章内容，并添加图片、视频或其他媒体。

(2) 文章分类和标签。为了更好地组织和浏览文章，博客系统通常提供文章分类和标签功能。用户可以将文章分为不同的类别，并为其添加标签，以便读者更容易找到相关内容。

(3) 评论和互动。博客系统允许读者对文章进行评论，并与作者和其他读者进行互动。这种互动可以促进讨论、分享意见和建立社区。

(4) 用户管理。博客系统通常具有用户管理功能，允许用户注册账号、登录系统，并根据用户权限设置不同的访问级别。这使得博客作者可以控制内容的可见性和访问权限。

(5) 主题和布局。博客系统提供不同的主题和布局选项，使用户能够根据个人喜好和需求定制博客的外观和用户体验。

(6) 搜索和导航。为了方便读者浏览和查找内容，博客系统通常提供搜索功能和导航菜单。这样读者可以根据关键词或特定类别找到感兴趣的文章。

作为计算机专业的学生，拥有一个个人博客，对自己未来的发展是有许多好处的。通过编写技术文章、分享项目经验和解决方案，计算机专业学生可以将学到的理论知识转化为实际应用，提升自己的实践能力和问题解决能力。计算机专业学生也可以在博客上展示自己的项目、代码示例、解决方案和技术博文，让其他人了解自己的专业能力。这不仅可以强化自己的个人品牌和声誉，还可以为自己的简历增加亮点和吸引力。另外，撰写博客需要清晰的表达能力和沟通能力，通过不断地写作和分享，可以提高自己的写作能力、逻辑思维能力和表达能力，这对于未来的技术文档、报告的编写和沟通非常重要。

互联网上有许多个人建站的博客系统，其中 WordPress 就是有名、使用人数较多的软件之一。WordPress 是一种开源内容管理系统(CMS)，用于创建和管理网站、博客和在线应用程序。WordPress 有以下几个主要的功能和特点。

(1) 简单易用。WordPress 具有用户友好的界面和简单的操作流程，使得初学者和非技术人员也能轻松创建和管理网站；提供了直观的后台管理界面，让用户可以方便地发布文章、上传媒体、管理页面和设置网站选项。

(2) 强大的主题和插件生态系统。WordPress 拥有庞大的主题和插件生态系统，用户可以选择各种免费和付费的主题与插件来定制和扩展网站功能。主题可以改变网站的外观和布局；插件可以添加各种功能，如社交媒体集成、搜索引擎优化(SEO)优化、安全性增强等。

(3) 博客和网站功能。WordPress 最初是作为博客平台而创建的，因此在博客功能方面表现出色，用户可以轻松地发布博文、管理评论、设置分类和标签等。同时，WordPress 也支持创建其他类型的网站，如企业网站、电子商务网站、论坛等。

(4) 可扩展性和定制性。WordPress 具有良好的可扩展性，可以根据需求进行定制开发。开发人员可以编写自定义主题和插件，以满足特定的功能和设计要求。这使得 WordPress 适用于各种规模和类型的网站。

(5) SEO 友好。WordPress 具有良好的 SEO 特性，可以帮助网站提高在搜索引擎结果中的排名。

它提供了友好的 URL 结构、元标记管理、站点地图生成等功能，有助于网站在搜索引擎中更好地被索引和收录。

(6) 社区支持和更新。WordPress 拥有活跃的社区，用户可以通过论坛、文档、教程和插件/主题开发者的支持来获取帮助和解决问题。同时，WordPress 团队也定期发布更新和安全补丁，以确保系统的安全性和稳定性。

总的来说，WordPress 是一个功能强大且易于使用的内容管理系统，适用于各种类型的网站和博客。它具有灵活性、可扩展性和定制性，同时提供了丰富的主题和插件，使用户可以轻松创建个性化的网站并拥有良好的用户体验。

10.2　在虚拟机上安装 WordPress

因为 WordPress 的部署依赖于 LNMP(Linux+Nginx+MySQL+PHP)环境，所以我们需要先搭建好 LNMP 环境，然后部署安装 WordPress。

WordPress 的安装总共分六个步骤，分别是安装 Nginx、安装 MySQL、安装 PHP、测试 LNMP 环境、创建 WordPress 数据库。

10.2.1　安装 Nginx

Nginx 是一款开源的 Web 服务器软件，主要用于存放和展示 WordPress 网页，它具有高性能、高可靠性、易于扩展等特点，它的安装步骤如下。

(1) 创建 Nginx 的第三方 yum 软件仓库。

```
[root@centos ~]# vi /etc/yum.repos.d/nginx.repo
```

填入以下内容。

```
[nginx-stable]
name=nginx stable repo
baseurl=http://nginx.org/packages/centos/$releasever/$basearch/
gpgcheck=1
enabled=1
gpgkey=https://nginx.org/keys/nginx_signing.key
module_hotfixes=true
```

(2) 使用 yum 安装 Nginx。

```
[root@centos ~]# yum install -y nginx
……省略不重要的内容……
已安装:
  nginx.x86_64 1:1.24.0-1.el7.ngx
作为依赖被安装:
  pcre2.x86_64 0:10.23-2.el7
完毕!
```

(3) 启动 Nginx。

```
[root@centos ~]# systemctl start nginx
```

(4) 查看 Nginx 的运行状态。

```
[root@centos ~]# systemctl status nginx.service
    nginx.service - nginx - high performance web server
    Loaded: loaded (/usr/lib/systemd/system/nginx.service; disabled; vendor preset:
disabled)
    Active: active (running) since 二 2023-07-11 19:54:26 CST; 25s ago
    ……省略不重要的内容……
```

注意：

绿色的 active (running) 表示 Nginx 运行正常。

(5) 关闭防火墙。

```
[root@centos ~]# systemctl stop firewalld
```

(6) 查看防火墙的运行状态。

```
[root@centos ~]# systemctl status firewalld.service
    firewalld.service - firewalld - dynamic firewall daemon
    Loaded: loaded (/usr/lib/systemd/system/firewalld.service; enabled; vendor
preset: enabled)
    Active: inactive (dead) since 二 2023-07-11 20:03:25 CST; 1min 10s ago
      Docs: man:firewalld(1)
    ……省略不重要的内容……
```

注意：

灰色的 inactive (dead) 表示防火墙已经停止运行。

(7) 临时关闭 SELinux。

SELinux 是 Linux 的一种安全管理软件。SELinux 和 Nginx 有冲突，在使用 Nginx 期间需要关闭。

```
[root@centos ~]# setenforce 0
```

(8) 使用本地浏览器访问"http://服务器 IP 地址"。当看到图 10-1 所示的页面时，说明 Nginx 安装成功。

图 10-1　在本地浏览器访问 Nginx

至此，Nginx 安装完成，并启动成功。

10.2.2　安装 MySQL

MySQL 是一款数据库软件，负责 WordPress 博客数据的存储和管理，它的安装步骤如下。

(1) 下载 MySQL 的 yum 软件仓库，它是一个 rpm 软件包。

```
[root@centos ~]# wget
http://dev.mysql.com/get/mysql57-community-release-el7-10.noarch.rpm
……省略不重要的内容……
2023-07-13 05:21:04 (446 KB/s) - 已保存
"mysql57-community-release-el7-10.noarch.rpm" [25548/25548])
```

查看下载的内容。

```
[root@centos ~]# ls
……省略不重要的内容……
mysql57-community-release-el7-10.noarch.rpm
```

注意：

mysql57-community-release-el7-10.noarch.rpm 就是下载的 rpm 软件包。

(2) 使用 rpm 安装下载的软件包。

```
[root@centos ~]# rpm -ivh mysql57-community-release-el7-10.noarch.rpm
……省略不重要的内容……
正在升级/安装...
   1:mysql57-community-release-el7-10 ############################### [100%]
```

(3) 安装 MySQL 软件。

```
[root@centos ~]# yum install -y mysql-server
……省略不重要的内容……
已安装：
  mysql-community-server.x86_64 0:8.0.33-1.el7
```

(4) 启动 MySQL 软件。

```
[root@centos ~]# systemctl start mysqld
```

(5) 查看 MySQL 的运行状态。

```
[root@centos ~]# systemctl status mysqld
  mysqld.service - MySQL Server
  Loaded: loaded (/usr/lib/systemd/system/mysqld.service; enabled; vendor preset:
disabled)
  Active: active (running) since 二 2023-07-11 20:23:45 CST; 6s ago
……省略不重要的内容……
```

注意：

绿色的 active (running) 表示 MySQL 运行正常。

(6) 查询 MySQL 给予 root 用户的默认密码。

```
[root@centos ~]# grep 'temporary password' /var/log/mysqld.log
2023-07-11T12:23:41.351333Z 6 [Note] [MY-010454] [Server] A temporary password is
generated for root@localhost: f=fy6DPLosxd
```

注意：

最后的 f=fy6DPLosxd 就是默认的密码，这是随机生成的，每个用户都不一样。

(7) 重置 MySQL 的默认密码，提高 MySQL 的安全性。

```
[root@centos ~]# mysql_secure_installation
```

执行命令后需要进行 8 次操作，每次操作如下。

① 输入上一步查询到的 root 用户的默认密码。

```
Securing the MySQL server deployment.
Enter password for user root:              # 输入上一步查询到的 root 用户的默认密码
```

② 设置新的 root 用户密码。

```
The existing password for the user account root has expired. Please set a new
password.
New password:                             # 设置新的 root 用户密码
```

注意：

密码需要有一定的强度，必须包含大小写字母和特殊字符。用户一定要牢记设置的密码，如果忘记，修改起来比较麻烦。

③ 再次确认密码。

```
Re-enter new password:                    # 再次确认密码
```

④ 是否再次更改 root 用户的密码。

输入 n，不需要再次更改 root 用户的密码。

```
Estimated strength of the password: 100
Change the password for root ? ((Press y|Y for Yes, any other key for No) : # n
```

⑤ 是否删除匿名用户。

输入 y，删除匿名用户。

```
Remove anonymous users? (Press y|Y for Yes, any other key for No) :      # y
```

⑥ 是否禁止 root 用户的远程登录功能。

输入 y，禁止 root 用户远程登录 MySQL。

```
Disallow root login remotely? (Press y|Y for Yes, any other key for No) :   # y
```

⑦ 是否删除 test 库和对它的访问权限。

输入 y，删除 test 库和对它的访问权限。

```
Remove test database and access to it? (Press y|Y for Yes, any other key for No) :
```

⑧ 是否重新加载授权表。

输入 y，重新加载授权表。

```
Reload privilege tables now? (Press y|Y for Yes, any other key for No) :   # y
```

至此，MySQL 安装完成，并启动成功。

10.2.3　安装 PHP

WordPress 是采用 PHP 语言编写的，因此需要安装 PHP 软件来解析和执行 WordPress 的代码，它的安装步骤如下。

(1)　安装 epel 仓库。

```
[root@centos ~]# yum install -y epel-release
……省略不重要的内容……
已安装:
  epel-release.noarch 0:7-11
完毕!
```

(2)　升级 webtatic 仓库。

```
[root@centos ~]# rpm -Uvh
https://mirror.webtatic.com/yum/el7/webtatic-release.rpm
    ……省略不重要的内容……
  正在升级/安装...
    1:webtatic-release-7-3              ############################### [100%]
```

(3)　安装 PHP 软件。

PHP 相关的软件非常多，总共有 10 个。

```
[root@centos ~]# yum -y install php70w-tidy php70w-common php70w-devel php70w-pdo
php70w-mysql php70w-gd php70w-ldap php70w-mbstring php70w-mcrypt php70w-fpm
    ……省略不重要的内容……
  已安装:
    php70w-common.x86_64 0:7.0.33-1.w7  php70w-devel.x86_64 0:7.0.33-1.w7
    php70w-fpm.x86_64 0:7.0.33-1.w7      php70w-gd.x86_64 0:7.0.33-1.w7
    php70w-ldap.x86_64 0:7.0.33-1.w7     php70w-mbstring.x86_64 0:7.0.33-1.w7
    php70w-mcrypt.x86_64 0:7.0.33-1.w7  php70w-mysql.x86_64 0:7.0.33-1.w7
    php70w-pdo.x86_64 0:7.0.33-1.w7     php70w-tidy.x86_64 0:7.0.33-1.w7
  作为依赖被安装:
    autoconf.noarch 0:2.69-11.el7
    automake.noarch 0:1.13.4-3.el7
    libX11.x86_64 0:1.6.7-4.el7_9
    libX11-common.noarch 0:1.6.7-4.el7_9
    libXau.x86_64 0:1.0.8-2.1.el7
    libXpm.x86_64 0:3.5.12-2.el7_9
    libjpeg-turbo.x86_64 0:1.2.90-8.el7
    libmcrypt.x86_64 0:2.5.8-13.el7
    libtidy.x86_64 0:5.4.0-1.el7
    libtool-ltdl.x86_64 0:2.4.2-22.el7_3
    libxcb.x86_64 0:1.13-1.el7
    m4.x86_64 0:1.4.16-10.el7
    pcre-devel.x86_64 0:8.32-17.el7
    perl-Data-Dumper.x86_64 0:2.145-3.el7
    perl-Test-Harness.noarch 0:3.28-3.el7
    perl-Thread-Queue.noarch 0:3.02-2.el7
    php70w-cli.x86_64 0:7.0.33-1.w7
  完毕!
```

(4) 测试 PHP 是否安装成功。

```
[root@centos ~]# php -v
PHP 7.0.33 (cli) (built: Dec  6 2018 22:30:44) ( NTS )
Copyright (c) 1997-2017 The PHP Group
Zend Engine v3.0.0, Copyright (c) 1998-2017 Zend Technologies
```

能看到版本号，说明 PHP 安装成功。

(5) 启动 PHP 服务。

```
[root@centos ~]# systemctl start php-fpm
```

(6) 修改 Nginx 配置文件，使其支持 PHP。

① 编辑 Nginx 的配置文件。

Nginx 的默认配置文件是/etc/nginx/conf.d/default.conf。

```
[root@centos ~]# vi /etc/nginx/conf.d/default.conf
```

在第 9 行处，增加 index.php；在第 14 行处增加以下内容，如图 10-2 所示。

```
location ~ \.php$ {
    root           html;
    fastcgi_pass   127.0.0.1:9000;
    fastcgi_index  index.php;
    fastcgi_param  SCRIPT_FILENAME /usr/share/nginx/html$fastcgi_script_name;
    include        fastcgi_params;
}
```

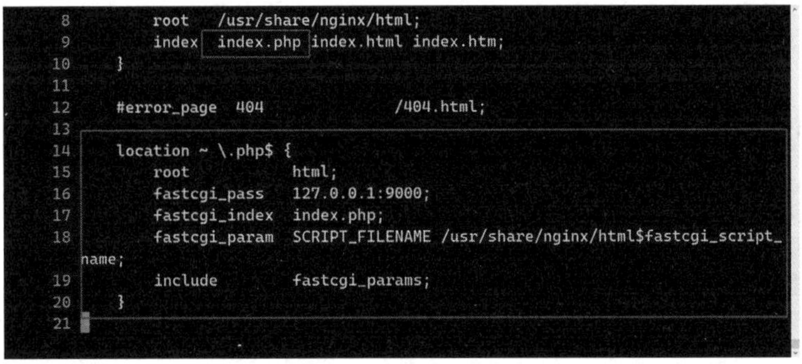

图 10-2　修改 Nginx 配置文件

② 重启 Nginx。

```
[root@centos ~]# systemctl restart nginx
```

至此，PHP 安装完成，并且和 Nginx 关联起来了。

10.2.4　测试 LNMP 环境

LNMP 软件都安装完毕后，需要测试环境是否可以正常使用，具体步骤如下。

(1) 在/usr/share/nginx/html 目录下创建测试页面。/usr/share/nginx/html 目录是 Nginx 中存放网页的地方。

```
[root@centos ~]# vi /usr/share/nginx/html/info.php
```

内容如下。

```
<?php
 phpinfo();
?>
```

(2) 使用浏览器访问 "http://服务器 IP 地址/info.php"。若能看到图 10-3 所示的页面，则说明 LNMP 环境没有问题。

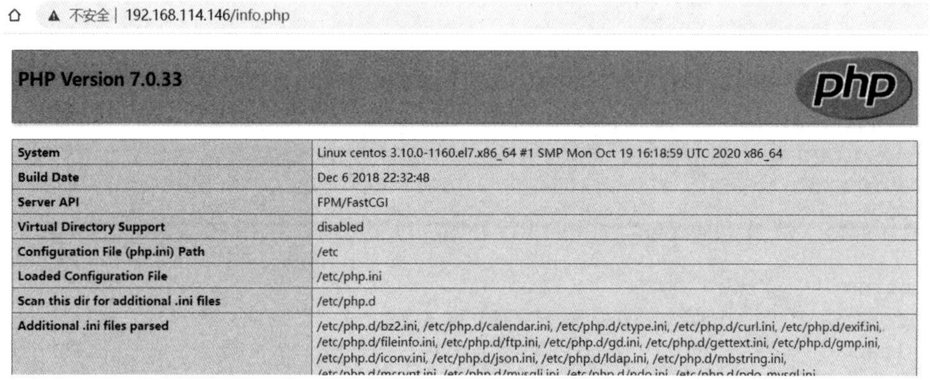

图 10-3　测试 LNMP 的网页

10.2.5　创建 WordPress 数据库

在 MySQL 中为 WordPress 创建相关的用户和数据库，用于存储和管理 WordPress 的数据，具体步骤如下。

(1) 登录 MySQL 数据库。

```
[root@centos conf.d]# mysql -u root -p
Enter password:
Welcome to the MySQL monitor.  Commands end with ; or \g.
……省略不重要的内容……
mysql>
```

注意：

成功登录 MySQL 后，命令提示符就变成 mysql>了。

(2) 创建 wordpress 数据库。

```
mysql> CREATE DATABASE wordpress;
Query OK, 1 row affected (0.01 sec)
```

(3) 创建 wordpressuser 用户，密码是 BLOck@123。

```
mysql> CREATE USER wordpressuser@localhost IDENTIFIED BY 'BLOck@123';
Query OK, 0 rows affected (0.04 sec)
```

(4) 授予 wordpressuser 用户操纵 wordpress 数据库的权限。

```
mysql> GRANT ALL ON wordpress.* TO wordpressuser@localhost WITH GRANT OPTION;
```

```
Query OK, 0 rows affected (0.01 sec)
```

(5) 退出 MySQL 数据库。

```
mysql> exit
Bye
[root@centos conf.d]#
```

注意:

退出 MySQL 后,命令提示符又变成了原来的状态。

10.2.6 安装 WordPress

所有的前置条件都完成后,就可以安装 WordPress 了,具体步骤如下。

(1) 下载 WordPress 软件包。

```
[root@centos ~]# wget https://cn.wordpress.org/latest-zh_CN.tar.gz
```

查看下载的内容。

```
[root@centos ~]# ls
……省略不重要的内容……
latest-zh_CN.tar.gz
```

latest-zh_CN.tar.gz 就是下载的最新中文版安装包。

(2) 解压缩软件包。

```
[root@centos ~]# tar -xvf latest-zh_CN.tar.gz
……省略输出的内容……
```

查看下载的内容。

```
[root@centos ~]# ls
……省略不重要的内容……
wordpress
```

注意:

wordpress 就是解压后的目录。

(3) 移动 WordPress 目录到/usr/share/nginx/html 目录。

```
[root@centos ~]# mv wordpress /usr/share/nginx/html/
```

(4) 设置 WordPress 目录的权限。

```
[root@centos ~]# chmod -R 777 /usr/share/nginx/html/wordpress/
```

(5) 本地浏览器访问"http://服务器 IP 地址/wordpress"进入 WordPress 安装向导页面,如图 10-4 所示。

(6) 单击图 10-4 中的"现在就开始"按钮,进入数据库配置界面,在此页面填写数据库名称、用户名和密码等内容,如图 10-5 所示。

图 10-4　WordPress 的安装向导页面

图 10-5　WordPress 的数据库配置界面

(7) 单击图 10-5 中的"提交"按钮进行信息验证，验证通过后进入安装界面，如图 10-6 所示。

图 10-6　安装界面

(8) 单击图 10-6 中的"运行安装程序"按钮，进入欢迎界面。在欢迎界面填写网站信息，如图 10-7 所示。

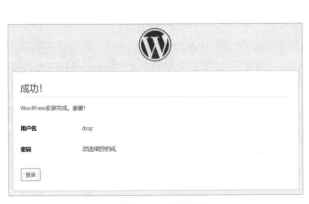

图 10-7　欢迎界面

(9) 单击图 10-7 中的"安装 WordPress"按钮，进入成功界面，如图 10-8 所示。

(10) 单击图 10-8 中的"登录"按钮，进入登录界面，填写用户名或电子邮箱地址及密码，如图 10-9 所示。

图 10-8　成功界面　　　　　　　　　　　　图 10-9　登录界面

(11) 单击图 10-9 中的"登录"按钮，进入 WordPress 的后台管理界面，如图 10-10 所示。

图 10-10　后台管理界面

(12) 单击图 10-10 中左上角的 MyBlog 按钮，可以进入博客首页，如图 10-11 所示。

图 10-11　博客首页

目前只有一篇内置的博文：世界，您好！

至此，WordPress 安装完成。

10.2.7　优化 WordPress 的启动

一旦重启了虚拟机，再次启动 WrodPress 的时候，需要先依次启动 Nginx、MySQL、PHP 等软件，然后关闭防火墙、关闭 SELinux，最后才能在浏览器中访问 WordPress。这个流程非常烦琐，因此需要对其进行优化，确保在重启虚拟机后，也可以自动启动这些软件，能够直接访问 WordPress。具体操作步骤如下。

(1) 设置 Nginx、MySQL 和 PHP 开机自启动。

```
[root@centos ~]# systemctl enable nginx
[root@centos ~]# systemctl enable mysqld
[root@centos ~]# systemctl enable php-fpm
```

(2) 配置防火墙，打开 80 端口。直接关闭防火墙是不安全的操作，会给用户的 Linux 带来很大的安全隐患。因此，在防火墙上仅仅开放 Nginx 软件所需的 80 端口即可。

① 在防火墙的 public 区域加入 80 端口。

```
[root@centos ~]# firewall-cmd --zone=public --add-port=80/tcp --permanent
success
```

② 重新加载防火墙配置。

```
[root@centos ~]# firewall-cmd --reload
success
```

(3) 永久关闭 SELinux。

① 编辑/etc/sysconfig/selinux 配置文件，修改第 7 行为以下内容，如图 10-12 所示。

```
SELINUX=disabled
```

```
 1
 2 # This file controls the state of SELinux on the system.
 3 # SELINUX= can take one of these three values:
 4 #     enforcing - SELinux security policy is enforced.
 5 #     permissive - SELinux prints warnings instead of enforcing.
 6 #     disabled - No SELinux policy is loaded.
 7 SELINUX=disabled
 8 # SELINUXTYPE= can take one of three values:
 9 #     targeted - Targeted processes are protected,
10 #     minimum - Modification of targeted policy. Only selected processes are
   protected.
11 #     mls - Multi Level Security protection.
12 SELINUXTYPE=targeted
13
14
```

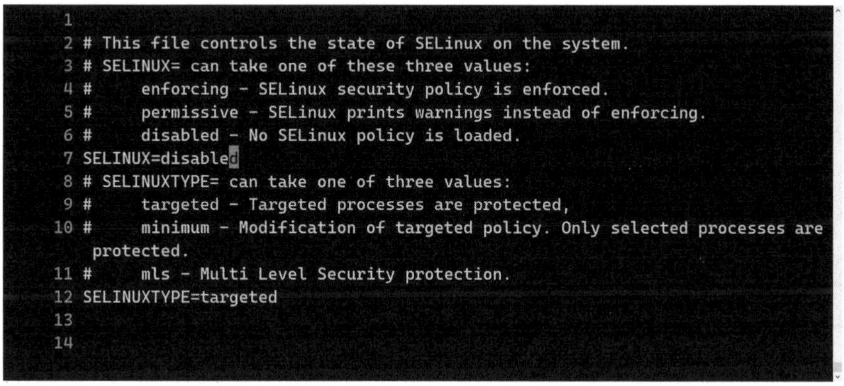

图 10-12　永久关闭 SELinux

② 重启服务器，使配置生效。

(4) 重启虚拟机后，使用以下网址验证是否可以直接访问 WordPress：

```
http://服务器的 IP/wordpress/
```

至此，WordPress 部署成功。后续可以选择购买云服务器，把自己的博客部署到互联网上，供网络用户访问和查看。

10.3　WordPress 的使用

WordPress 博客系统由前台展示页面和后台管理页面两部分组成。前台是面向访客的部分，访客可以通过搜索博客名称或直接输入网站地址来访问并浏览博客内容。后台则是管理博客的地方，使用管理员账号登录后台，可以进行网站主题的更改、页面顺序的调整、插件的安装、菜单栏和导航栏的设置、文章的发布等操作。

前台展示的样式和功能都是通过后台配置来完成的。因此，用户需要重点了解后台的功能，并熟悉其中的一些基本概念。

10.3.1　后台管理页面

在浏览器的地址栏输入以下网址，即可进入 WordPress 的后台登录界面，如图 10-13 所示。

```
http://服务器的 IP/wordpress/wp-admin/
```

图 10-13　WordPress 的后台登录页面

登录后直接进入后台管理的首页，它由左右两部分组成。左侧是菜单栏，每个菜单项都对应了不同的功能，包括"仪表盘""文章""媒体""页面""评论""外观""插件""用户""工具"和"设置"等选项。右侧是内容区域，显示左侧选中的菜单项对应的内容。默认选中第一个菜单项为"仪表盘"，如图 10-14 所示。

图 10-14　WordPress 后台仪表盘页面

1. 仪表盘

仪表盘是用户每次登录站点时最先看到的界面，它为用户提供了一些常用的小工具。仪表盘的内容区域被分为多个区块，每个区块都是一个小工具。默认情况下，提供 5 个小工具：概览、动态、快速草稿、WordPress 活动及新闻和站点健康状态。

(1) 概览小工具提供站点文章、页面、评论数据的概要，如图 10-15 所示。每种内容均显示为链接形式，若用户单击这些链接，将被导向管理这些内容的区域。概览小工具的底部还会陈述用户所运行的 WordPress 版本及正在使用的网站主题。

图 10-15　概览小工具

(2) 动态小工具显示即将发布的计划博客、最近发布的博客及博客下的最新评论，并允许用户管理相关评论，如图 10-16 所示。动态小工具详细列出了用户博客上的最新评论。每条显示的评论均具有前往相应文章的链接，点击文章链接将允许用户编辑该文章。鼠标移动到评论上方，便激活了管理菜单：批准或驳回评论、编辑评论、回复评论、标记为垃圾评论或删除评论。

图 10-16　动态小工具

(3) 快速草稿小工具允许用户快速轻松地编写新草稿，如图 10-17 所示。输入文章标题和文章内容，然后单击"保存草稿"按钮，即可完成新草稿的编程。

图 10-17　快速草稿小工具

(4) WordPress 活动及新闻小工具(图 10-18)不仅列出了即将举行的本地活动及来自 WordPress 官方博客的最新消息，还列出了最新的 WordPress 相关新闻。该小工具还提供如版本发布公告及安全提示等有关软件开发的消息。此外，该小工具还定期提供有关 WordPress 社区的消息。

图 10-18　WordPress 活动及新闻小工具

(5) 站点健康状态小工具可以监控网站运行情况并通知出现的问题及需要改进的部分，如图 10-19 所示。

图 10-19　站点健康状态小工具

在每个小工具的右上角都有三个按钮，从左至右分别是"上移""下移"和"展开/收起"按钮，如图 10-20 所示。单击"上移""下移"按钮，可以调整小工具的排列顺序。单击"展开/收起"按钮可以展开或者收起小工具面板。

图 10-20　调整小工具的位置

在仪表盘页面的右上角还有一个"显示选项"按钮。可以选择需要在仪表盘页面显示的小工具，如图 10-21 所示。

图 10-21　选择小工具

2. 文章

文章页面汇集了博客系统的核心功能，其中包含所有文章、写文章、分类和标签四大模块。对于写文章模块，将在后续的博客发表过程中详细介绍其使用方法。通过这些模块，用户可以轻松地管理自己的博客内容：从创建到发布，再到分类和标签管理，文章页面都提供了强大的支持。文章子菜单如图 10-22 所示。

图 10-22　文章子菜单

所有文章模块提供与文章管理相关的所有功能，如图 10-23 所示。通过在文章列表上方的下拉菜单中选择相关功能，用户可单独查看某一分类中的文章，或是某月发布的文章。单击列表中的作者、分类或标签也可令列表只显示相应的内容。将鼠标悬停在文章列表中的某一行上，操作链接将会显示出来，用户可以通过它们快速管理文章。单击编辑可在编辑器中编辑该文章。直接单击文章标题也可以达到同样的效果。单击"快速编辑"，无须跳转到其他页面，在本页内就能对文章属性进行更改。单击"移至回收站"，该文章将会从列表中移除，并自动移至回收站。在回收站中，用户可以将其永久删除。单击"预览/查看"，浏览器将跳转到前台，展示文章发布后的效果，或访问已经发布的这篇文章。

图 10-23　所有文章模块

分类和标签都是方便用户快速查找相关文章的方法。用户可以使用分类来定义站点的分区结构，并可以按不同的主题组织相关的文章。用户也可以为文章指定一些关键词，这些关键词叫作标签。与分类不同的是，标签没有层级关系，换句话说就是标签之间没有关联。若将站点比作一本书，那么分类就是书的目录，标签则是目录中索引的术语。

分类模块提供分类的管理功能，如图 10-24 所示。

图 10-24　分类模块

添加新分类时，需要填写以下字段。

(1) 名称：此项目在站点上显示的名称。

(2) 别名：在 URL 中使用的代号，它可以令 URL 更美观。别名通常使用小写字母，只能包含字母、数字和连字符。

(3) 父级分类：分类可以有层级结构。例如，用户可以有一个名为"编程"的分类，在该分类下可以有名为 Java 和 Python 的子分类(完全可选)。要创建子分类，只需从父级分类下拉菜单中选择一个分类即可。

(4) 描述：分类的描述信息。默认不会显示，但部分主题中可能会显示。

标签模块提供标签的管理功能，如图 10-25 所示。

图 10-25　标签模块

添加新标签时，需要填写名称、别名和描述字段，它们的内容和含义与添加新分类中的同名字段完全一致。

3. 媒体

用户上传的所有文件都在媒体库页面中按上传时间顺序列出，最新上传的显示在最前面，如图 10-26 所示。WordPress 中的媒体包括用户在文章中使用的图像和视频，以及提供给访问者的下载文件，如 rar 文件。

图 10-26　媒体库页面

4. 页面

页面和文章类似——都有标题、正文以及附带的相关信息，但与文章不同的是，页面类似永久的文章，不像一般的博客文章那样，随着时间流逝逐渐淡出人们的视线。页面不属于任何一个分类，也不能拥有标签，但是页面之间有层级关系。用户可将一个页面附属在另一个父级页面之下，构建一个页面群组。页面管理界面如图 10-27 所示。

图 10-27　页面管理界面

5. 评论

用户可以使用与管理文章相同的方式来管理评论，将鼠标悬停在某条评论上，可以快速管理评论，如图 10-28 所示。

图 10-28　评论页面

6. 外观

外观用于管理已安装的主题，如图 10-29 所示。除了 WordPress 自带的默认主题之外，其他主题均是由第三方设计及开发的。当前主题作为第一个主题高亮显示。

图 10-29　主题页面

若用户希望从更多主题中选择，可单击"安装主题"按钮。切换到安装主题页面(图 10-30)后，就可以在 WordPress.org 主题目录中浏览或搜索主题，它们都是免费的。

图 10-30　添加主题页面

7. 插件

插件是为 WordPress 添加各种功能的扩展组件。插件安装后，可以在这里启用或者禁用它，如图 10-31 所示。

图 10-31　插件页面

8. 用户

用户页面列出了站点当前的所有用户，如图 10-32 所示。每位用户都属于下列五种用户角色中的一种：站点管理员、编辑、作者、贡献者或订阅者。在用户登录到仪表盘后，权限低于管理员角色的用户，只能基于其权限看到部分选项。

图 10-32　用户页面

9. 工具

工具页面提供了一些常见的工具，包括数据的导入导出、抹除个人数据、主题文件编辑器和插件文件编辑器。

10. 设置

设置页面中的选项决定了站点的基本配置，如图 10-33 所示。

图 10-33　设置页面

10.3.2　发表博客

将鼠标悬停在"文章"菜单上，然后单击"写文章"菜单项，将显示 WordPress 编辑器和空白页，如图 10-34 所示。

图 10-34　写文章页面

这个页面可以分为顶部的工具栏、中间的编辑区域和右侧的设置栏。

(1) 顶部的工具栏的左上角，从左到右依次是"退出""区块""工具""撤销""恢复"和"大纲"等按钮。单击"区块"按钮会弹出新的面板，如图 10-35 所示。在区块面板，用户可以自由地插入各种块级元素，如段落、标题、图片、视频等。

图 10-35　区块面板

(2) 中间的编辑区域用于编写文章的标题和正文内容。

(3) 右侧的设置栏可以设置文章摘要、分类和标签等相关的属性。

完成文章的编写以后，可以单击工具栏右上角的"保存草稿""预览"和"发布"按钮，实现文件的保存、预览和发布。文章发布以后，可以通过以下网址访问博客的前台页面，查看已发布的文章。

```
http://192.168.114.148/wordpress/
```

10.4　在云服务器上安装 WordPress

在虚拟机上安装的 WordPress 只能被用户自己的主机访问，其他人的设备是无法访问的。如果想要真的在互联网上部署自己的网站，还是需要选择和购买一个云服务器 elastic compute service，ESC，又称云主机)。

云服务器是一种安全、可靠、可扩展的云计算服务。该产品有效地解决了传统物理服务器存在的管理难度大、业务扩展性弱的缺陷。云服务器的优势如下。

(1) 易扩展升级。云服务器的所有服务资源都可随时扩展，无须重新购置硬件或安装系统，不会对之前的使用造成影响。

(2) 高可用高容灾。真正的云服务器具备快照备份、多重副本容灾、热迁移等全新功能，即使出现单点硬件故障，也能快速自动迁移到其他云服务器上继续正常使用。

(3) 升级更加方便。云服务器可以升级 CPU、内存和硬盘等，这样就不会影响之前的使用。

(4) 更安全可靠。云服务器一般不会出现故障，就算是网站的运营出现了问题也会自动转移到其他的机器上，黑客侵犯也很困难。

10.4.1　试用阿里云服务器

目前国内主流的云服务器供应商有阿里云、华为云、腾讯云和移动云等。其中，阿里云提供了免费试用的云服务器，用户可以在试用产品上部署 WordPress，达到满意效果后再选择购买。试用阿里云服务器的步骤如下。

(1) 选择试用产品。打开阿里云的试用产品页面，网址如下。

```
https://free.aliyun.com/
```

试用产品页面内容如图 10-36 所示。

图 10-36　试用产品页面内容

选择第一个"1 核 2GB 每月 750 小时"的产品即可。单击右下角的"立即试用"按钮，弹出产品配置窗口。在这个窗口中有以下需要注意的地方。

① 试用额度。请按需前往 ECS 控制台开通，注意每小时金额不可超出 0.59 元，超出部分需自付，如图 10-37 所示。

图 10-37　试用额度

② 操作系统。选择 7.9 64 位 SCC 版。在学习阶段选择一个干净的操作系统，从零开始安装和配置 WordPress。等熟悉 Linux 操作以后，为了方便，可以选择预装 WordPress 或 LAMP 应用。(图 10-38)

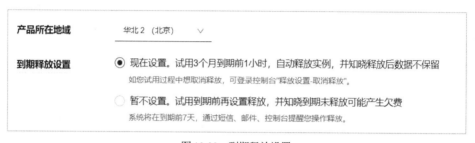

图 10-38　选择操作系统

③ 到期释放设置。选择"现在设置。试用 3 个月到期前 1 小时，自动释放实例，释放后数据不保留"，如图 10-39 所示。这样可以避免后期遗忘释放操作后，导致自动扣费。

图 10-39　到期释放设置

④ 试用灵活性说明。每月 750 小时免费额度的抵扣金额上限为 217.6 元，每小时抵扣金额上限为 0.59 元，即在免费小时数额度内，可支持临时调整台数、带宽、云盘，每小时金额不可超出 0.59 元(最大 2 台)，超出部分需自付，如图 10-40 所示。

<table>
<tr><td>试用灵活性说明</td><td>1. 本次ECS试用提供3个完整月，每月750小时的免费额度。（关于试用时长的举例说明：假如您在2023年7月15日 12:00开始试用，试用时长为3个月，那么，①试用有效期为：2023年7月15日12:00~2023年10月15日 13:00；②如果到了2023年7月31日24:00，750个小时的免费额度没有用完，7月剩余的免费额度将转移到2023年10月1日 0:00-2023年10月15日13:00 继续使用）
2. 每月750小时免费额度的抵扣金额上限为217.6元，每小时抵扣金额上限为0.59元，即在免费小时数额度内，可支持临时调整台数、带宽、云盘，每小时金额不可超出0.59元（最大2台），超出部分需自付。查看图文说明 ></td></tr>
</table>

图 10-40　试用灵活性说明

以上这些注意事项具有时效性，随时会因为阿里云公司的试用政策而调整。请用户务必认真阅读自己所在的时间点的阿里云试用政策，避免产生不必要的费用损失。

确认完注意事项以后，就可以勾选协议，单击"立即试用"按钮，完成试用产品的选择。阿里云公司会以短信的形式告知用户云服务器名称和公网 IP。

(2) 配置云服务器实例。试用产品选择完毕后，即可进入管理控制台页面，如图 10-41 所示。

图 10-41　管理控制台页面

这个页面列出了用户所拥有的每一个云服务器实例的信息，包括名称、状态、操作系统、配置、IP 地址、付费方式等内容。

单击实例名称，进入实例管理页面，如图 10-42 所示。

图 10-42　实例管理页面

实例管理页面列出了关于实例更详细的信息以及可以对它进行操作的按钮。

(3) 设置服务器初始密码。单击图 10-42 右上方的"全部操作"按钮，弹出所有操作面板，如图 10-43 所示。

图 10-43　所有操作面板

在所有操作面板中单击"重置实例密码"按钮，弹出重置实例密码窗口，如图 10-44 所示。

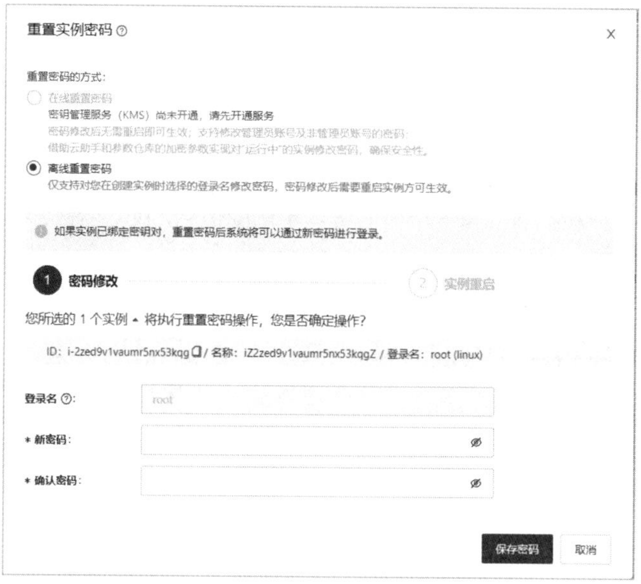

图 10-44　重置实例密码窗口

填写新密码和确认密码后，单击"保存密码"按钮，完成服务器初始密码的设置。重置的密码需要重启实例才能生效，这时会自动弹出重启操作窗口，如图 10-45 所示。单击"立即重启"按钮，等待自动重启完成即可。

图 10-45　重启实例操作窗口

(4) 开放 80 端口。返回实例管理界面，单击"安全组"选项卡，进入安全组页面，单击"操作"一列下的"配置规则"按钮，如图 10-46 所示。进入配置规则页面，如图 10-47 所示。

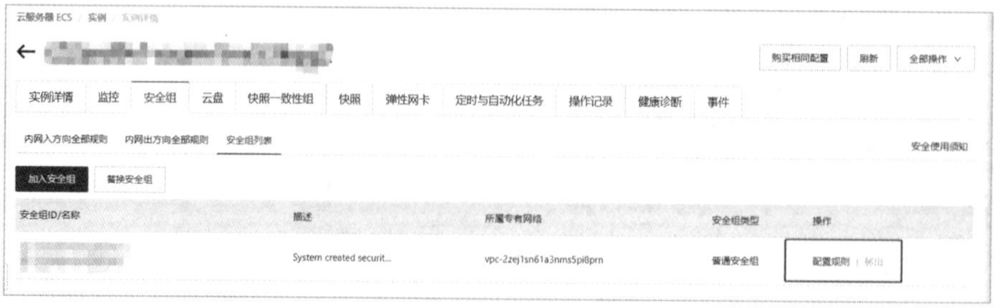

图 10-46　安全组页面

图 10-47　配置规则页面

可以看到，目前开放的 TCP 端口只有 22 和 3389。如果想要访问 Nginx，还需要在这里添加 80 端口。单击"手动添加按钮"后，在目的文本框中选择"HTTP(80)"，在源文本框中选择"0.0.0.0/0"，如图 10-48 所示。单击"保存"按钮，完成 80 端口的添加。

图 10-48　添加 80 端口

至此，阿里云试用服务器的配置全部完成。

10.4.2　部署 WordPress

在阿里云试用服务器部署 WordPress 可以分为远程登录试用服务器和部署 WordPress 两大步骤，具体操作如下。

(1) 远程登录试用服务器。在 Xshell 中新建会话连接。主机 IP 地址可以从短信或者实例列表中查询，账号为 root，密码为 10.4.1 节中重新设置的密码。

远程登录服务器后，查看以下防火墙状态。

```
[root@iZ2zed9v1vaumr5nx53kqgZ ~]# systemctl status firewalld
   firewalld.service - firewalld - dynamic firewall daemon
   Loaded: loaded (/usr/lib/systemd/system/firewalld.service; disabled; vendor
preset: enabled)
   Active: inactive (dead)
     Docs: man:firewalld(1)
```

可以看到防火墙处于关闭状态。查看 SELinux 的状态。

```
[root@iZ2zed9v1vaumr5nx53kqgZ ~]# getenforce
Disabled
```

可以看到 SELinux 处于禁用状态。

阿里云为了给云服务器提供更好的安全防火功能，默认关闭系统内的防火墙和 SELinux，转而在云服务器的外部添加一些统一的防火墙和安全管理软件。这样既可以提高云服务器的安全性，也便于统一管理云服务器的安全软件，还可以为用户提供增值的可定制的安全防护业务。因此，在安装 WordPress 的过程中，与防火墙和 SELinux 相关的操作就可以不再执行了。

(2) 部署 WordPress。操作步骤参考 10.2 节。

在安装 MySQL 的过程中可能会出现以下错误。

```
The GPG keys listed for the "MySQL 5.7 Community Server" repository are already
installed but they are not correct for this package.
```

要解决这个问题，需要先执行以下命令，然后重新安装 MySQL 即可。

```
rpm --import https://repo.mysql.com/RPM-GPG-KEY-mysql-2022
```

(3) 使用 WordPress。部署成功后，用户就可以使用以下链接管理 WordPress 了。

```
http://公网 IP/wordpress/wp-admin/
```

互联网上的其他用户也可以使用以下链接访问此博客。

```
http://公网 IP/wordpress
```

10.4.3　域名和备案

直接使用 IP 地址访问 WordPress 是非常不方便也不现实的，还需要为博客配置一个域名，通过域名来有效地提高博客的知名度和访问的便捷性。阿里云提供域名注册和买卖服务，用户可以自行选择注册或者购买心仪的域名。

购买域名后还需要对其进行备案才能使用。根据《互联网信息服务管理办法》以及《非经营性互联网信息服务备案管理办法》，国家对非经营性互联网信息服务实行备案制度，对经营性互联网信息服务实行许可制度。未履行 ICP 备案或未取得许可手续的，不得从事互联网信息服务。

阿里云提供免费的备案服务，用户可以自行搜索使用。但是，试用的云服务器为按量(小时)类型，暂不满足国内 ICP 备案要求，是无法进行备案的，需要选购正式的云服务器才可以进行备案。

域名和备案都完成后，就可以在阿里云中把域名绑定到云服务器了。这样就可以通过域名来访问博客了。

本章总结

(1) LNMP 是指一组通常一起使用来运行动态网站或者服务器的自由软件名称首字母的缩写。L 指 Linux，N 指 Nginx，M 一般指 MySQL，也可以指 MariaDB，P 一般指 PHP，也可以指 Perl 或 Python。

(2) Nginx 是一款开源的 Web 服务器软件，主要用于存放和展示 WordPress 网页。它具有高性能、高可靠性、易于扩展等特点。

(3) MySQL 是一款数据库软件，负责 WordPress 博客数据的存储和管理。

(4) PHP(Hypertext Preprocessor)即超文本预处理器，是在服务器端执行的脚本语言，尤其适用于 Web 开发并可嵌入 HTML。

(5) WordPress 是使用 PHP 语言开发的博客平台，用户可以在支持 PHP 和 MySQL 数据库的服务器上架设属于自己的博客网站。

巩固练习

一、选择题

1. LNPM 是用于部署(　　)的软件。
   A. Joomla　　　　　B. WordPress　　　　C. Drupal　　　　　D. Prestashop
2. 在 LNPM 中，"L"代表(　　)。
   A. Linux　　　　　　B. Lightweight　　　　C. Local　　　　　　D. Language
3. 使用 LNPM 部署 WordPress 之前，需要预先安装(　　)。
   A. MySQL 数据库　　　　　　　　　　B. Nginx 服务器
   C. PHP 解释器　　　　　　　　　　　　D. 所有以上都是
4. 在使用 LNPM 部署 WordPress 时，第一步应该(　　)。
   A. 购买域名　　　　　　　　　　　　B. 安装 LNPM
   C. 下载 WordPress 源代码　　　　　　D. 配置数据库
5. 使用 LNPM 部署 WordPress 博客系统的主要优势是(　　)。
   A. 提供了丰富的主题和插件
   B. 简化了服务器配置过程
   C. 提高了博客系统的安全性
   D. 降低了服务器的硬件要求

二、填空题

1. 部署 WordPress 之前，需要配置_____数据库。
2. LNPM 的全称是指_____、_____、_____、_____。
3. 使用 LNPM 部署 WordPress 时，通常需要配置_____服务，以提供 PHP 解释功能。
4. 在 LNPM 环境中，Nginx 通常用作_____服务器。
5. WordPress 采用_____语言编写。

三、简答题

1. 简述使用 LNPM 部署 WordPress 的步骤。
2. 简述部署 WordPress 后，如何进行 WordPress 博客系统的启动优化。

参考文献

[1] 杨云，吴敏，郑从.Linux 系统管理项目教程 RHEL 8/CentOS 8/：微课版[M]. 北京：人民邮电出版社，2022.

[2] 徐建华，施莹.Linux 系统管理项目教程[M]. 北京：清华大学出版社，2021.

[3] 刘忆智，林天峰，谭志彬，等. Linux 从入门到精通[M]. 2 版. 北京：清华大学出版社，2014.

[4] 杨云.Linux 操作系统(微课版) (RHEL 8/CentOS 8) [M]. 2 版. 北京：清华大学出版社，2021.

[5] 鸟哥. 鸟哥的 Linux 基础学习实训教程[M]. 北京：清华大学出版社，2018.

[6] 耿朝阳，肖锋.Linux 系统应用及编程[M]. 北京：清华大学出版社，2018.

[7] 姚伟.Linux 从入门到精通[M]. 北京：电子工业出版社，2022.

[8] 龙小威.手把手教你学 Linux[M]. 北京：中国水利水电出版社，2020.

[9] 凌菁，毕国锋.Linux 操作系统实用教程[M]. 北京：电子工业出版社，2020.

[10] 何伟娜，郝军.Linux 命令行与 Shell 脚本编程[M]. 北京：清华大学出版社，2021.